青少年电力知识

王聚芹 宋赫天 主 编

王 静 黎 莉 副主编

河北大学出版社

·保定·

青少年电力知识

QINGSHAONIAN DIANLI ZHISHI

出 版 人：刘相美
选题策划：杨显硕
责任编辑：韩立霞
装帧设计：杨艳霞
责任校对：冯博楠
责任印制：常 凯

图书在版编目（CIP）数据

青少年电力知识 / 王聚芹，宋赫天主编 . —— 保定：
河北大学出版社，2021.12（2024.8 重印）
ISBN 978-7-5666-1961-7

Ⅰ．①青… Ⅱ．①王… ②宋… Ⅲ．①电工－青少年
读物 Ⅳ．① TM-49

中国版本图书馆 CIP 数据核字 (2021) 第 249934 号

出版发行：河北大学出版社
　　　　　地址：河北省保定市七一东路 2666 号　邮编：071000
　　　　　电话：0312-5073019　0312-5073029
　　　　　邮箱：hbdxcbs818@163.com　网址：www.hbdxcbs.com
经　　销：全国新华书店
印　　刷：保定市北方胶印有限公司
幅面尺寸：175 mm×245 mm
印　　张：11.75
字　　数：180 千字
版　　次：2021 年 12 月第 1 版
印　　次：2024 年 8 月第 2 次印刷
书　　号：ISBN 978-7-5666-1961-7
定　　价：39.00 元

如发现印装质量问题，影响阅读，请与本社联系。
电话：0312-5073023

前　　言

电的发现和利用，不仅推动了生产技术由机械化到电气化、自动化的转变，更改变了人们的生活方式，引发了人类生产生活方式的革命，使人类社会步入了电气时代。

我们的生活、工作、学习都离不开电，国家的基本建设、工农业生产、通信、国防、科研每时每刻也都需要大量的电，可以说我们生活在电的世界中。

改革开放四十多年来，特别是党的十八大以来，在党中央的正确领导下，我国人民缔造了震撼世界的"中国奇迹"。以习近平同志为核心的党中央高瞻远瞩，深谋远虑，面对能源供需格局新变化、国际能源发展新趋势，提出了"能源革命"的战略思想，为我国电力发展指明了战略方向。"美丽中国"要实现人与自然的和谐发展，电力成为经济腾飞的基础保障和推动经济转型的关键抓手。

目前，我国对青少年电力知识的教育较为匮乏，还没有适用于青少年较系统的关于电的历史发展脉络及基本构架的知识读本。

本书主要从古代人对电现象的初步认识、近代科学家对电的探究、近代科学家对电磁的探究、发电、电网综述、输电、变电、电的应用、安全用电等几部分进行了深入浅出的阐述。

本书取材广泛、内容丰富、图文并茂，有助于为广大青少年揭开电的神秘面纱，进一步激发广大青少年对电力知识的学习兴趣；有助于青少年学习电科学知识的同时，增强科学探索精神；有助于青少年在了解我国电力事业发展的同时，激发其立志从事电力科学研究，为实现"美丽中国"的伟大复兴贡献力量的壮志豪情。

本书可作为中小学电力教育的教材，或作为学生自然科学素质教育的教科书，也可供相关人员学习、参考。

编者

2021 年 5 月

目　　录

第一章　古代人对电现象的初步认识

　　青少年朋友们，我们日常生活中处处都离不开电。如果没有了电，我们将陷入黑暗，不能上网，不能通信，整个世界将变得不可想象。

停电啦！

　　那么，什么是电？电是怎么被发现的？

　　这是本章要给大家介绍的主要内容。

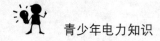

一、什么是电?

"电"是指电荷运动所带来的物理现象,它广泛存在于各种自然现象中,是一种能量形式,伴随着地球的诞生而产生,只是人类在相当长的时间内没有认识到它。

电的发现源于古代人们对自然现象的好奇,人类最早发现的是雷电现象和摩擦起电现象。

二、古人对电现象的认识

(一)古代中国

1. 记载

远在 3 000 多年前的殷商时期,甲骨文中就有了"雷""电"的形声字。

甲骨文中的"雷"

甲骨文中的"电"

西周初期的青铜器上就已经出现"电"字。

青铜器上的"电"

西汉时期的古籍《春秋纬·考异邮》一书中就有"玳瑁吸裾"的明确记载。玳瑁是一种美丽的龟壳,人们在用它做首饰时无意中发现,摩擦后的玳瑁会吸引衣裙这一现象。

西晋张华（232—300）在《博物志》中记述了梳子、丝绸摩擦引起的放电发声现象："今人梳头，脱著衣时，有随梳、解结有光者，亦有咤声。"

2. 探究

西汉皇族淮南王刘安及其门客集体编写的《淮南子·坠形训》有"阴阳相搏为雷，激扬为电"的记载。

东汉时期思想家王充（27—约97）在《论衡·龙虚篇》中写道"云雨至则雷电击"，明确提出云与雷电之间的关系。

明代刘基（1311—1375）指出："雷者，天气郁激而发也。阳气困于阴，必迫，迫极而进，进而声为雷，光为电。"

王充

刘基

（二）古希腊

在2 500多年前，古希腊人发现用毛皮或丝绸摩擦过的琥珀，能够吸引羽毛、头发等轻小物品，尤其是把琥珀首饰擦拭干净后，很快就会吸附上灰尘。当时的人们无法解释这种现象，只好说琥珀中存在一种特殊神力，并把这种特殊神力称作"电"。

公元前585年左右，古希腊哲学家泰勒斯（Thales，约前624—约前547）把琥珀被摩擦后能吸引微小物品现象称为"摩擦起电"（静电现象）。这是关于"电"的最早记录。

古代学者对电现象的认知与探究丰富了人们对电的初步认识，近代电学正

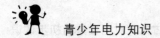

是在人们对雷电及摩擦起电现象认识的基础上发展起来的。

三、小结

本章主要讲了古代人对电现象的初步认知，旨在告诉大家，好奇是探索世界的动力。留心处处皆学问，请大家留心观察世界，善于观察，勤于思考，用好奇的眼光看待各种现象，多问几个为什么。只有对现象仔细、认真地观察，才能不断发现真理。

第二章　近代科学家对电的探究

人类对电的认识是在长期实践活动中不断发现、逐步丰富、持续深化的积淀中形成的，人们对电的探究经历了漫长而曲折的过程。

世界近代史上涌现出了许多科学家、发明家，他们敢于冲破传统的桎梏去创新，勇于攀登科学高峰，从而为人类的进步做出了巨大贡献。尤其是吉尔伯特、格里克、杜伐、库仑、格雷、慕欣布罗克、富兰克林、伽伐尼、伏特、欧姆、焦耳等科学家在电学史上留下了浓墨重彩的华美篇章。

本章将带领大家一起回顾近代一些主要科学家对电学的探究，从中进一步了解电的奥秘。

一、什么是静电？

（一）吉尔伯特：开启了近代电学研究大门

1600 年，英国医生吉尔伯特（William Gilbert, 1544—1603）比较系统地研究了静电现象。他用琥珀、金刚石、蓝宝石、硫黄、明矾等材料，做了一系列实验，发现这些材料经过摩擦，都可以吸引轻小物体。他把像琥珀这样经过摩擦后能吸引轻小物体的物质称作"带电体"。

吉尔伯特

吉尔伯特是第一个提出了"电吸引"概念的人，从而开启了近代电学研究的大门，被称为"电学研究之父"。

知识小链接

什么是"静电"?

近代科学研究发现,摩擦起电是静电现象。

静电并不是"静止"的电,是宏观上"暂时停留在某处"的电。任何两个不同材质的物体接触后再分离,即可产生静电,摩擦就是产生静电的普遍方法。那么,为什么不同材质的物体摩擦后会产生静电呢?

科学研究发现,所有的物质都是由分子组成的,分子是由原子组成的,原子是由居于原子中心的带正电的原子核和核外带负电的电子构成的。在正常情况下,原子核和核外电子所带电量相等,正负平衡(核内质子数与核外电子数相等,即电量相等,电性相反),所以,对外表现出不带电的现象。当物体受到摩擦、热、化学以及其他一些作用时,原子会失去一部分电子后而带正电或得到额外电子而带负电。所以说电是物体本身的一种性质,不是谁加给物体的。

生活中的静电

⚡ 从纸片上撕下一小片碎纸屑,将塑料直尺放在头发上摩擦几下,然后将直尺靠近碎纸屑时,碎纸屑竟然被吸引向上移动,粘在了直尺上,就像磁铁吸引小铁钉一样。

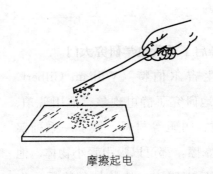

摩擦起电

⚡ 薄的玻璃纸在手上摩擦后可以贴在手上或衣服上。

⚡ 晚上,脱下化纤毛衣时会听到噼啪的声音,在暗处还可以看见火花。

⚡　干燥的空气中，化纤衣服摩擦产生的静电会吸附空中的灰尘。

⚡　用塑料梳子梳理干燥长发时，发梢会自动翘起。

摩擦起电

⚡　人在干燥的冬天走动时，空气与衣服之间的摩擦会使人体储存静电。

⚡　当干燥的手触及门上的金属把手等导体时就会放电，感觉麻了一下。

有趣的静电实验

☞　吸管贴墙实验：用纸巾轻轻地摩擦空心吸管，然后往墙上靠近一点，吸管就会稳稳地贴在墙上。

　原因：用纸巾摩擦后的吸管带负电，带负电的物体会吸引带正电或不带电的物体，这就是"静电效应"。

☞　滚动的易拉罐：将空的易拉罐放在光滑桌面上，然后用纸巾轻轻地摩擦吸管，接着让吸管接近易拉罐，慢慢移动吸管，可以看到易拉罐跟着吸管的移动方向慢慢地滚动。

　原因：纸巾摩擦后的吸管带负电，由于感应起电，靠近吸管附近一侧的易拉罐带正电，异性电荷相互吸引，所以易拉罐跟着吸管移动而滚动。

☞　转弯的水滴：在空的塑料瓶底端扎一个小孔，向塑料瓶中装满水。然后将它固定在高架台上，下面放一个盛水盆，即有一股线状水流流入盆中。

用纸巾摩擦多次吸管后，用带电的吸管靠近水流附近，可以很明显地看到水流向吸管方向偏转，同时水流四处散开。

原因：当带电吸管靠近水流时，静电感应使得线状的水流感应带上相反的电荷，由于异性电荷相吸，水滴就会向带电吸管方向偏转。同时由于水滴带上同种电荷排斥向四周散开。

格里克

（二）格里克：发明"摩擦起电机"

德国物理学家、政治家奥托·冯·格里克（Otto von Guericke，1602—1686），不但是一位多才多艺的工程师，而且还当过35年的马德堡市市长。他不仅通过实验证明了大气压强的存在，还发明了第一台可产生大量电荷的摩擦起电机。

知识小链接

马德堡半球实验（Magdeburg Hemisphere）

1654年，格里克利用自己发明的抽气机做了著名的马德堡半球实验，证明了大气压强的存在，轰动一时。

马德堡半球实验

但是，格里克一生中最重要的成就并不仅仅是马德堡半球实验，他还于

1660 年发明了第一台可产生大量电荷的摩擦起电机，为进一步研究电创造了条件。

格里克的摩擦起电机是把一个足球大小的硫黄球沿直径穿孔，插入铁轴，水平安装在座架上，使球能绕铁轴转动。转动时，把干手掌放在球上，手与球发生摩擦，从而产生电。

与过去相比，摩擦起电机所产生的静电要大得多。在电的发展史上，格里克发明的摩擦起电机是一个小的飞跃。

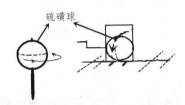

摩擦起电机

（三）杜伐：发现了同性相斥、异性相吸现象

1734 年，法国人杜伐做摩擦起电实验时发现有两种不同性质的电：一种是用丝绸摩擦玻璃棒，去靠近另一根与丝绸摩擦过的玻璃棒，发现这两根玻璃棒相互排斥，杜伐把玻璃棒带的电称为"玻璃电"；另一种是用毛皮摩擦松香，靠近用丝绸摩擦过的玻璃棒，发现两者相互吸引，于是，他称松香所带的电为"松香电"。这就是人们所知道的"同性电相互排斥、异性电相互吸引"现象。

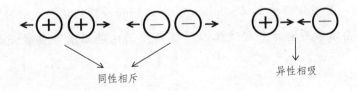

同性相斥　　　　　　　　异性相吸

（四）库仑：揭示了"库仑定律"

查利·奥古斯丁·库仑（Charles Augustin de Coulomb，1736—1806）是法国物理学家，18 世纪最伟大的物理学家之一。

库仑设计了一个电摆实验①，验证出电荷之间的引力与电荷间距离的平方成反比的规律。1785 年，库仑发明了测量静电力大小的"扭称"。

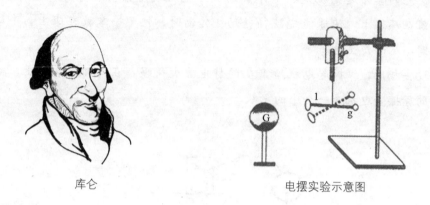

库仑 电摆实验示意图

库仑经过多年研究进一步推导出：在真空中两个静止点电荷之间的相互作用力与距离平方成反比，与电量乘积成正比，作用力的方向在它们的连线上，同名电荷相斥，异名电荷相吸。这一定律被后人命名为库仑定律。

库仑定律是电学发展史上的第一个定量规律，是电学史上的一座重要的里程碑，电学研究由此从定性进入定量阶段。库仑作为电荷量的单位（C）沿用至今。

知识小链接

格雷发现电传导现象

1731 年，英国牧师格雷（Stephen Grey，1666—1736）在实验时发现了电的传导现象。格雷认为电是一种流体，摩擦产生的电能沿着某些物质传导，尤其是金属制品。这是世界上第一次发现了导体与绝缘体的区别，同时也发现了静电感应现象。

---

① G 为绝缘金属球，l、g 为虫胶做的小针，悬挂在 18—20 厘米长的蚕丝下端，l 端放一镀金小圆纸片，G、l 间的距离可调。实验时使 G、l 带异号电荷，则小针受到电引力作用可以在水平面内做小幅摆动。测量出 G、l 在不同距离时，l、g 摆动同样次数的时间，从而计算出每次振动的周期。

飞翔的男孩

大约是 1730 年，英国牧师格雷在修道院的一个大厅里面架起一个大木架，上面用丝绳系着两个秋千，修道院的一名小男孩面对地面横趴在两个秋千上，一盆金叶子和羽毛放在他的面前。待一切安排完毕之后，格雷通过类似于豪克斯比的起电机产生静电。静电通过金属连接棒传导到男孩身上，男孩的头发直立起来，金叶子和羽毛纷纷飞向男孩的指尖，一些观众甚至说他们看到了男孩指尖的火花。这个实验被称为"飞翔的男孩"（Flying Boy）实验。

针对该实验的描述有很多大同小异的版本，现在可能已经很难考证当时的确切情况。不过，这些都是细节的差异，并不妨碍实验最关键部分的真实性。

在这个实验中，金属、男孩是导体，电可以自由流动；木架和丝绳作为绝缘体则阻止了电通过木架和丝绳跑掉。这个经典的实验场景后来被很多国家的研究人员模仿和改进，并呈现出越来越多的新奇景象。

（五）慕欣布罗克：发明了"莱顿瓶"

1. "瓶装电"猜想

1745 年，德国人克莱斯特（Ewald Georg Von Kleist，1700—1748）实验发现可以利用导线将摩擦所起的电引向装有铁钉的玻璃瓶中。当他用手触及铁钉时，受到了明显的电击，从而在形式上第一次证实了"瓶装电"的猜想。

2. 最早蓄电装置——"莱顿瓶"

1746 年，荷兰莱顿城莱顿大学的教授彼得·冯·慕欣布罗克（Pieter Von Musschenbrock，1692—1761）在一个玻璃瓶内外分别贴上锡箔，瓶里的锡箔通过金属链跟金属棒连接，棒的上端是一个金属球。把摩擦起电装置所产生的电用导线引到瓶内的锡箔上面，把瓶外壁的锡箔接地，这样就可以使电在瓶内聚集起来，这就是最初的电容器。

慕欣布罗克

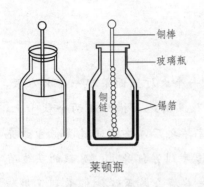

铜棒
玻璃瓶
锡箔
铜链

莱顿瓶

如果用一根导线把瓶内的锡箔和瓶外壁的锡箔连接起来，则产生放电现象，引起电火花，发出响声，并随之释放出一种气味。由于它是在莱顿城发明的，所以叫"莱顿瓶"。

摩擦起电产生的静电不用就会消失，而莱顿瓶可以较长时间地把电储存起来，为电的研究带来了便利。莱顿瓶的诞生在欧洲引起了强烈反响，是电学史上的一个重大事件。

二、从"静电"到"动电"的转向：探索电流

18 世纪后期，电的研究逐渐从"静电"转向"动电"。电流的研究在电学发展史上是一个重要的转折。

富兰克林

（一）富兰克林：初步的电荷概念

本杰明·富兰克林（Benjamin Franklin，1706—1790），美国著名的科学家、政治家。

18 世纪中叶，富兰克林根据前人的研究成果，经过多次实验，借用了数学上的正负概念，第一次科学地用正电、负电概念表示电荷性质，提出了电荷不能创生也不能消灭的思想。

后人在此基础上发现了电荷守恒定律：电荷不能创生，也不能消灭，只能从一个物体转移到另一个物体，或者从物体的一部分转移到另一部分；在转移的过程中，电荷的总量保持不变。

（二）伽伐尼：最早开始电流研究

在人们对电流现象的认识过程中，意大利的解剖学教授伽伐尼（Luigi Galvani，1737—1798）被认为是最早开始研究电流的人。

伽伐尼

痉挛的蛙腿

伽伐尼在一次实验中偶然发现，闪电使室内桌子上与钳子和镊子环接触的一只青蛙腿发生了痉挛现象。伽伐尼通过研究发现，用两种不同的金属（例如铜丝和铁丝）接触青蛙的神经和肌肉时，青蛙腿就会发生痉挛，这表明有电流通过。伽伐尼认为蛙腿的痉挛现象是"动物电"的表现，但他未能科学回答这一电流现象的起因。

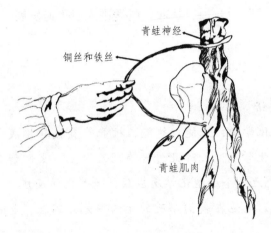

青蛙神经

铜丝和铁丝

青蛙肌肉

"动物电"的表现

（三）伏特：发明"伏特电池"

意大利物理学家亚历山德罗·伏特（Alessandro Volta，1745—1827）对伽伐尼的"动物电说"持不同意见。伏特认为，电存在于金属中，而不是存在于肌肉中。

1800 年春，伏特发明了著名的"伏特电池"（又称"伏打电堆"[①]）。伏特电池是由一系列圆形锌片和银片相互交叠而成的装置，在每一对银片和锌片之间，用一

伏特

---

① 意大利物理学家亚历山德罗·伏特，在我国早期被译为"伏打"，因此有"伏打电池""伏打电堆""伏打定律"等。"伏特"和"伏打"只不过是同一人的不同音译。为避免混淆，本书统一采用"伏特"。

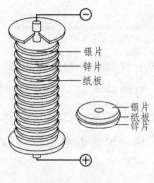

银片
锌片
纸板

银片
纸板
锌片

伏特电池示意图

知识小链接

种在盐水或其他导电溶液中浸过的纸板隔开。银片和锌片是两种不同的金属，盐水或其他导电溶液作为电解液，它们构成了电流回路。

伏特电池的发明使人类第一次获得了可以人为控制、产生的稳定而持续的电流，并且电流强度比摩擦起电机大得多。伏特电池的发明开始了一场真正的电学革命，为电学研究从静电阶段跃进到动电阶段奠定了坚实的物质基础。从此，电学进入了飞速发展时期。

电池史话

电池是一个将化学能、光能、热能、核能等直接转化成电能的装置。我们通常所说的电池指化学电池，除此外还有物理电池（太阳能电池、温差电池和核电池等）。化学电池是个小型化学反应器，随着化学反应产生高能电子，时刻准备流向外部设备。电池在我们今天的生活中无处不在。电池的发展历程如下表所示。

电池的发展历程

时间	国家	发明人	事件
1746 年	荷兰	慕欣布罗克	发明了收集电荷的"莱顿瓶"
1800 年	意大利	伏特	利用银、锌、食盐水为材料成功地制造了伏特电池，发明了世界上第一个真正意义上的电池
1836 年	英国	丹尼尔	发明了能保持平衡电流的锌—铜电池，又称"丹尼尔电池"
1859 年	法国	普朗泰	发明了用铅做电极的电池，这种电池能充电，可以反复使用，所以被称为"蓄电池"
1860 年	法国	雷克兰士	发明了锌锰"湿电池"（即碳锌电池）

续表

时间	国家	发明人	事件
1887 年	英国	赫勒森	发明了最早的干电池。它的电解液为糊状，不会溢漏，便于携带，因此获得了广泛应用
1890 年	美国	爱迪生	发明了可充电的铁镍电池
1899 年	瑞典	沃尔德马·尤格尔	发明了镍镉电池
1900 年	瑞典	Jungner	研制成功碱性 $Zn-MnO_2$ 电池
1914 年	美国	爱迪生	发明了碱性电池
1941 年	苏联	A. H. ФPYMKUH	研制成第一只实用型氢—氧燃料电池
1947 年	法国	Neumann	成功研制成密封式 Cd-Ni 电池
1954 年	美国	乔宾、福勒和皮尔森	研制成功世界上第一块太阳能电池
1956 年	中国	风云器材厂（755 厂）	中国建设了第一个镍镉电池工厂
1960 年	中国	西安庆华厂等	中国开始研究碱性电池
1976 年	荷兰	飞利浦研究所	发明了镍氢电池
1983 年	中国	南开大学	开始研究镍氢电池
1990 年	日本	索尼公司	制成了锂离子蓄电池
1994 年	美国	Bellcore 公司	研制成功聚合物锂离子电池
1995 年	中国		中国镍氢电池商业化生产初具规模
2000 年	中国		中国锂离子电池商业化生产

目前，电池的种类越来越丰富，形式也越来越多样。从各型号干电池、铁镍电池，到锂电池、镍镉电池、镍氢电池、锂聚合物电池；从铅晶蓄电池，到铁镍蓄电池、银锌蓄电池，发展到铅酸蓄电池、太阳能电池以及核能电池……这些电池极大满足了人们日常生活和工农业生产需要。与此同时，电池的电容越来越大，性能越来越稳定，充电越来越便捷，应用领域越来越广。

当今电池的使用范围已经遍及社会方方面面：小到各种家用小电器、电子产品、移动电话、儿童玩具、照（摄）相机、各种遥控器等，大到各部门电话交换机，电脑，精密仪器设备的应急电源，各类电动车辆、电动工具的动力电源，风力发电站用电池，导弹、潜艇和鱼雷等军用电池，以及可以满足各种特殊要求的专用电池等。电池已经成为人类社会必不可少的便捷能源。

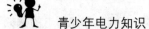

自伏特电池发明以来，只有短短的 200 多年，但是人类在电池的研究和开发方面已经取得了丰硕成果。随着科技的进步，电池将会得到更大的发展。

 制作水果电池

👉 **材料**

一个新鲜柠檬（或番茄）、两段导线、铜片、锌片（无毒）、小灯泡。

👉 **操作步骤**

⚡ 把一个柠檬的两端各切一个口。

⚡ 分别把铜片和锌片的一端连接一根 15 厘米的细导线，然后另一端插入柠檬两侧的切口内。

⚡ 把导线的另外两端连在小灯泡的正负极上。注意灯泡要小，环境要黑。结果灯泡亮了。

制作水果电池

👉 **水果电池的原理**

两种金属片的电化学活性是不一样的，其中更活泼的金属片能置换出水果中的酸性物质的氢离子，由于产生了正电荷，电子通过导线经过用电器工作后回流到正极，这样，水果电池就可以不断地为用电器提供电力了。

👉 **注意**

水果电池的电流很小，只能驱动功率很小的用电器。另外，这种水果电池的寿命很短，基本没有什么实用价值。

（四）电流的科学阐释

1. 什么是电流？

电流指单位时间内通过导体横截面的电荷量。一般而言，电流是电荷定向流动形成的，或者说是由正电荷、负电荷或正负电荷同时做有规则的移动而形成的。

2. 电流的方向和强度

（1）传统规定：正电荷流动的方向为电流的方向，负电荷的移动等效于等量的正电荷沿相反方向的移动。

（2）电流的大小称为电流强度，通常用 I 代表电流，表达式 $I=Q/t$（其中 Q 为电荷量，单位为库仑；t 为时间，单位为秒），电流的单位是安培（Ampere），简称"安"，符号为"A"。每秒通过导体某一横截面 1 库仑的电量称为 1 "安"。"电流"是物理学中的七个基本量之一[①]。

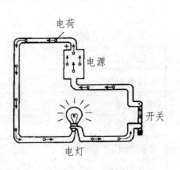

三、什么是"动电"？

18 世纪末人们发现电能够流动，那么电为什么会流动？电流在导体中之所以能流动，是由于电压导致的。

（一）什么叫"电压"？

在电流中存在高电势和低电势之间的差别，这种差别叫"电压"。就像水压可以推动水流动一样，电压是推动电荷定向移动形成电流的原因。

在电路中，任意两点之间的电位差称为这两点的电压。

电压的基本单位简称"伏"，符号"V"，是为了纪念意大利物理学亚历山德罗·伏特为电学

---

① 七个基本物理量分别为：长度（单位：m）、质量（单位：kg）、时间（单位：s）、电流强度（单位：A）、发光强度（单位：cd）、温度（单位：K）、物质的量（单位：mol）。

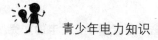

做出的巨大贡献。需要注意的是，"电压"一词一般只用于电路当中，"电势差"和"电位差"则普遍应用于一切电现象当中。

（二）电压分类

电压可分为高电压、低电压、安全电压（见下表）。

电压的分类（法定规范）

分类	对应的电压数值区间
高电压	≥1000 伏
低电压	≤380 伏
安全电压	≤36 伏　持续接触安全电压为 24 伏

高、低压的区别是：对地电压高于或等于 1 000 伏的为高压。对地电压低于 1 000 伏的为低压。

安全电压指人体较长时间接触而不致发生触电危险的电压。安全电压为不高于 36 伏，持续接触安全电压为 24 伏。

（三）日常生活中常见的电压值

日常生活中常见的电压值如下表所示。

日常生活中常见电压值

种类	电压值	类别
小家电常用的碱性干电池	1.5 伏	安全电压
手机电池两极间	3.7 伏	安全电压
家庭电路	220 伏	低电压
动力电路	380 伏	低电压
无轨电车电源	550—600 伏	低电压
高铁列车上方电网	25 千伏	高电压
发生闪电的云层间电压	可达 1000 千伏	高电压

四、电流运动中的阻力

水在河道中流动的时候，会受到河岸以及河道中的树木杂草、砂石等物体的阻挡，并且由于蒸发、渗透等使得河水水量减少、流速减缓。电流在导体中流动时也会遇到类似的情况。

（一）什么是电阻？

电荷在导体中运动时，会同分子和原子等其他粒子发生碰撞与摩擦，碰撞和摩擦的结果形成了导体对电流的阻碍。物体对电流的这种阻碍作用，称为该物体的"电阻"。

电阻在电路中通常起分压、分流的作用，这种阻碍作用最明显的特征是导体消耗电能而发热（或发光）。

（二）欧姆定律

德国物理学家格奥尔格·西蒙·欧姆（Georg Simon Ohm，1787—1854）研究发现，在同一电路中，通过某一导体的电流跟这段导体两端的电压成正比，跟这段导体的电阻成反比，这就是"欧姆定律"。

欧姆

欧姆定律的发现为后来电学的计算提供了很大的便利，在电学史上具有里程碑意义。后人为了纪念欧姆和他所做的贡献，将电阻的单位定为欧姆，简称"欧"（Ω）。

五、电流的热效应

（一）什么是电流的热效应？

导体对电流有阻碍作用，这种阻碍作用最明显的特征是导体消耗电能而发热（或发光），这种现象被称为电流的热效应。日常生活中使用的电炉、电吹风、电熨斗、电饭锅、电烤炉等都是利用电流热效应的电热器。

焦耳

（二）焦耳定律

英国物理学家詹姆斯·普雷斯科特·焦耳（James Prescott Joule，1818—1889），24 岁时开始对通电导体放热问题进行研究，经过多年研究发现：电流通过导体所产生的热量和导体的电阻成正比，和通过导体的电流的平方成正比，和通电时间成正比。后人把它称为焦耳定律，公式为：$Q=I^2Rt$。

焦耳还发现了热和功之间转换的热力学第一定律——能量守恒定律，即热量可以从一个物体传递到另一个物体，也可以与机械能或其他能量互相转换，但是在转换过程中，能量的总值保持不变（表达式为 $Q=\triangle U+W$）。

由于焦耳在热学、热力学和电方面的贡献，后人为了纪念他，把能量或功的单位命名为"焦耳"，简称"焦"（J）。

知识小链接

19 世纪自然科学三大发现

☞　能量守恒定律

自然界的各种物质运动形式，都可以在一定的条件下互相转化，证明了自然界中物质运动的统一性，为辩证唯物主义自然观的创立奠定了基础。

☞　细胞学说

1838—1839 年关于细胞学说的建立，证明了除原生质外，一切有机体都是从细胞的分裂和分化中产生、成长起来的。

☞　生物进化论

1859 年达尔文提出生物进化论，证明了包括人类在内的整个有机界，都是某种机体由简单到复杂、由低级到高级长期发展的结果。

六、小结

电学像一棵大树，根深叶茂，从根基长出树干，从树干长出茂密的枝杈，最后结出累累果实。

通过回顾近代科学家对电的探究历程，我们知道了电学史上有吉尔伯特、格里克、库仑、慕欣布罗克等早期科学家对电学的发展起了奠基作用，富兰克林、伏特、欧姆、焦耳等对电学的深入研究起了推动作用。正是这些科学家孜孜不倦的研究才使人类电学文明不断前进。

青少年朋友们，科学本身即是探索未知、发现真理、改造世界、造福人类的学问。只有坚持以事实为依据，不懈探索，才能在科学道路上有所成就。

华裔科学家丁肇中（1936—　）在1976年获得了诺贝尔物理学奖，他曾语重心长地告诫青年学生：第一，拿诺贝尔奖是非常容易的；第二，天才和普通人的距离很小。关键问题是，不论求学还是科学研究，对于自己要有信心，做自己认为是正确的事情。要实现你的目标，最重要的是要有好奇心，对自己所做的事情有兴趣，不能因为别人反对而停止。

第三章　近代科学家对电磁的探究

一、发现磁

人们对电磁现象的认识可以追溯到几千年前。

（一）磁

《吕氏春秋》："慈石召铁，或引之也。"

《韩非子》："先王立司南，以端朝夕。"

公元前 3 世纪，中国最先发明了利用磁性指南的装置——司南①。这是我国古代辨别方向用的一种仪器，是我国古代四大发明之一。

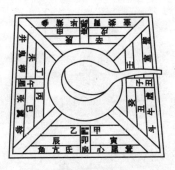

司南复原模具图

---

① 《古矿录》记载，司南最早出现于战国时期的磁山一带，它用天然磁铁矿石琢成一个勺形的东西，放在一个光滑的盘上，盘上刻着方位，利用磁铁指南的作用，可以辨别方向，是现在所用指南针的始祖。

印刷术、指南针、造纸术、火药这四大发明，对中国古代政治、经济、文化的发展产生了巨大的推动作用，并且，这些发明经由各种途径传至西方，对西方世界文明发展也产生了很大的影响，甚至在西方从封建社会进入资本主义社会的进程中发挥了不可低估的作用。

知识小链接

中国古代四大发明的世界赞誉

☞　早在 1550 年，意大利数学家杰罗姆·卡丹就指出，中国的司南（指南针）、印刷术和火药是"整个古代没有能与之相匹敌的发明"。

☞　1620 年，英国哲学家培根也曾在《新工具》中写道："印刷术、火药、指南针这三种发明已经在世界范围内把事物的全部面貌和情况都改变了。"

☞　马克思在《政治经济学批判（1861—1863 年手稿）》中指出："火药、指南针、印刷术——这是预告资产阶级社会到来的三大发明。火药把骑士阶层炸得粉碎，指南针打开了世界市场并建立了殖民地，而印刷术则变成新教的工具，总的来说变成科学复兴的手段，变成对精神发展创造必要前提的最强大的杠杆。"①

☞　来华传教士、汉学家艾约瑟（Joseph Edkins，1823—1905）在上述三大发明中加入"造纸术"一项，最早提出中国"四大发明"，为后来许多中国的历史学家所继承。

（二）磁偏角

"磁偏角"是指磁针静止时，所指的北方与真正北方的夹角。② 地磁极是接近南极和北极的，但并不与南极、北极完全重合。

---

①　《马克思恩格斯文集》（第八卷），人民出版社 2009 年版，第 338 页。

②　工解先、李浩军在《磁偏角与磁倾角的公式推导与运算》一文中指出：地磁北极约在北纬 72°、西经 96°处，地磁南极约在南纬 70°、东经 150°处。地磁北极距地理北极大约相差 1500 千米。在一天中地磁北极的位置也是不停地变动，它的轨迹大致为一椭圆形，地磁北极平均每天向北移 40 米。

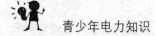
我国古代最早发现了"磁偏角"。北宋科学家沈括（1031—1095）在《梦溪笔谈》中指出：磁针"常微偏东，不全南也"。

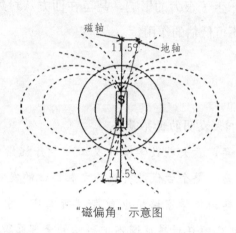

"磁偏角"示意图

意大利著名航海家克里斯托弗·哥伦布（Christopher Columbus, 1451—1506）1492年第一次横渡大西洋时发现了磁偏角，比我国晚了400多年。

二、发现电磁效应

16世纪时，英国科学家——吉尔伯特研究摩擦起电的同时，发现了磁石之间的引力，并且证明地球本身就是一个大磁体。1600年，吉尔伯特发表了一部巨著——《论磁》，系统总结和阐述了磁，从此揭开了近代电与磁奥秘的大幕。

（一）奥斯特：发现电流磁效应

奥斯特

丹麦物理学家奥斯特（Hans Christian Oersted, 1777—1851）认为电、磁、光、热等现象存在内在的联系，电可以转化为磁的关键在于转化的条件。

1820年，奥斯特做实验时，把与伏特电池两端连接的导线（细铂丝）平放，当导线与一枚在支架上的小磁针平行时，他惊奇地发现：靠近铂丝的小磁针突然摆动起来，小磁针向垂直于导线的方向偏转了。

小磁针发生偏转的现象使奥斯特欣喜若狂：这是电、磁之间关系的一个确定的实验证据。这个发现震惊了当时的科学界。

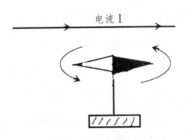

奥斯特发现电流磁现象

奥斯特的思维和实践突破了人类对电与磁的认识。电流磁效应的重大发现，揭示了电现象和磁现象之间存在的联系，为之后法拉第发现电磁感应定律、麦克斯韦创立电磁场理论奠定了基础。法拉第在评价奥斯特的发现时说：它猛然打开了一个科学领域的大门，那里过去是一片漆黑，如今充满了光明。

为纪念奥斯特为电磁学发展所做的杰出贡献，从 1934 年起，人们开始用"奥斯特"的名字命名磁场强度单位。

（二）安培："电学中的牛顿"

法国物理学家、化学家、数学家安德烈·马利·安培（André-Marie Ampère，1775—1836）虽然只在很短的时间从事物理研究工作，却做出了伟大的贡献。

第一，安培进一步研究发现了磁针转动方向和电流方向的关系，即稳定的电流能产生磁场。

安培

第二，安培发现了电流和电流激发磁场的磁感线方向间关系的定则——"安培定律"（"右手螺旋定则"）：①用右手握住通电直导线，让大拇指指向电流的方向，那么四指指向就是磁感线的环绕方向；②通电螺线管中的安培定则（安培定则二）：用右手握住通电螺线管，让四指指向电流的方向，那么大拇指所指的那一端是通电螺线管的 N 极。

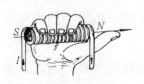

安培定律示意图

第三，安培论述了电流的磁效应，提出电流方向相同的两条平行载流导线互相吸引，电流方向相反的两条平行载流导线互相排斥，第一次把研究动电的理论称为"电动力学"。

第四，1827 年，安培完成的《电动力学现象的数学理论》一书，综合了关于电磁现象的研究，是电磁学史上一部重要的经典论著，被英国物理学家詹姆斯·麦克斯韦称为"科学上最光辉的成就之一"。

安培是当之无愧的电动力学的先创者，被后世科学家誉为"电学中的牛顿"。英国杰出物理学家牛顿（Isaac Newton，1643—1727）的地位在物理学中是至高无上的，而安培能够和牛顿并列，说明他在电磁方面做出了卓越贡献。

为了纪念安培在电磁学上的杰出贡献，人们把电流的国际单位以他的姓氏"安培"命名，简称"安"，符号"A"，并把他的名字刻在埃菲尔铁塔上。

知识小链接

埃菲尔铁塔上的科学家的名字

在埃菲尔铁塔上一共刻有 72 个法国科学家、数学家和其他知名人士的名字，以此来铭记他们做出的巨大贡献。其中包括对代数方程解法中有历史性贡献的数学家拉格朗日、近代化学的奠基人之一——拉瓦锡、电动力学的先创者安培、在化学上取得巨大成就的盖·吕萨克等。

埃菲尔铁塔

（三）麦克斯韦：建立了完整的电磁理论体系

1873 年，英国绝世奇才、科学家麦克斯韦（James Clerk Maxwell，1831—1879）把法拉第、安培、高斯等科学家的想法综合起来思考电场与磁场之间错综复杂的关系，发表了《电磁场通论》。麦克斯韦用简短的四元方程组（其实非常复杂），囊括了所有的电和磁现象，准确描绘出了电磁场的特性及其相互作用的关系。

麦克斯韦

法拉第凭直觉最早提出光也是一种电磁波。麦克斯韦预测电磁波是电场和磁场相互振荡产生的波动，还从数学上计算出电磁波的速度等于光速。

麦克斯韦被普遍认为是对 20 世纪最有影响力的 19 世纪物理学家。在科学史上，牛顿把天上和地上的运动规律统一起来形成经典力学，实现了第一次大综合，打开了机械时代的大门。麦克斯韦把电、光统一起来，实现了第二次大综合，建立了电磁理论体系。麦克斯韦电磁学理论为电气时代奠定了基础，被公认为是"牛顿以后世界上最伟大的数学物理学家"。

1879 年麦克斯韦因病在剑桥逝世，年仅 48 岁。1931 年，爱因斯坦在麦克斯韦百年诞辰纪念会上，盛赞麦克斯韦的科学贡献，评价其建树"是牛顿以来，物理学最深刻和最富有成果的工作"。

（四）赫兹：证实了电磁波的存在

1．证实了电磁波的存在

1888 年，德国著名科学家赫兹（Heinrich Rudolf Hertz，1857—1894）不但检测到了电磁波，而且在实验室利用装置成功产生出了电磁波。

正如麦克斯韦预测的一样，电磁波传播的速度等于光速。同时，赫兹还观测到电磁波有聚焦、直进、反射、折射和偏振等现象。

赫兹

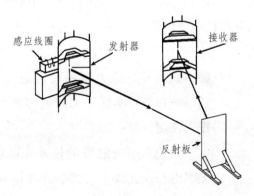

赫兹的电磁波实验室装置示意图

赫兹的实验公布后，轰动了全世界，由法拉第开创、麦克斯韦总结的电磁理论至此取得了决定性的胜利。

2. 发现了光电效应

赫兹实验不仅证实了麦克斯韦的电磁理论，还改写了麦克斯韦方程组，将新的发现纳入其中。赫兹证明电信号如麦克斯韦和法拉第预言的那样可以穿越空气，这一理论不但是发明无线电的基础，而且为无线电、电视和雷达的发展找到了途径。同时，他还注意到当带电物体被紫外光照射时会很快失去它的电荷，从而发现了光电效应。

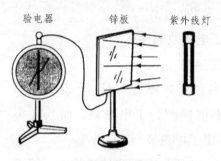

光电效应示意图

赫兹在1894年元旦因病去世，终年不到37岁。赫兹为无线电技术的发展开拓了新的道路，构成了现代文明的骨架。因为赫兹对电磁学的贡献，后人为了纪念他，把频率的国际单位以他的名字"赫兹"（Hz）命名。

发现电磁波对人类所产生的巨大影响，连赫兹本人也没料到。就在发现电磁波不到6年，意大利的马可尼（Guglielmo Marconi，1874—1937）实现了无线电传播，并且这些设备很快投入使用。

马可尼

其他利用电磁波的技术像雨后春笋般相继问世。无线电报、无线电广播、无线电导航、无线电话、短波通信、无线电传真、电视、微波通信、雷达以及遥控、遥感、卫星通信、射电天文学……使整个世界的面貌发生了深刻的变化。

三、电磁铁

（一）发现电磁铁

1822 年，法国物理学家阿拉戈（Arago，Dominique Fransois Jean，1786—1853）和吕萨克（Joseph Louis Gay-Lussac，1778—1850）发现，当电流通过其中有铁块的绕线时能使绕线中的铁块磁化，这实际上是电磁铁原理的最初发现。

阿拉戈

吕萨克

知识小链接

电磁铁

电磁铁是电流磁效应（电生磁）的一个应用。

电磁铁使用起来很方便，它可以由通电、断电来控制磁性有无，由电流的强弱来控制磁性强弱，由变换电流方向控制它的南北极，因此在生产、生活、科学技术上用途很多，如电磁继电器、电磁起重机、磁悬浮列车、电子门锁、智能通道、电磁流量计等。

（二）发明实用电磁铁

1823 年，英国人斯特金（William Sturgeon，1783—1850）发明了实用的电磁铁。他在一块 U 型铁棒上循序绕了 18 圈铜裸线，当铜线与伏特电池接

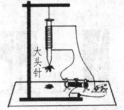

电磁铁实验
装置示意图

29

斯特金

通时，绕在 U 型铁棒上的铜线圈产生了密集的磁场，使 U 型铁棒变成了一块"电磁铁"。这种电磁铁上的磁能要比永磁能大许多倍，它能吸起比它重 20 倍的铁块，而当电源切断后，U 型铁棒就什么铁块也吸不住，重新成为一根普通的铁棒。

斯特金的电磁铁发明看似简单，却是一个很有意义的发明，此后 100 多年出现的很多重大发明，都离不开它。

四、发明电动机、发电机

（一）法拉第：被誉为"电学之父"

迈克尔·法拉第（Michael Faraday，1791—1867），英国物理学家、化学家，电机和电化学的泰斗，被后人誉为"电学之父"和"交流电之父"。

法拉第

1. 发明世界上第一台"电动机"

1821 年，法拉第完成了一项重大的电发明：他将一块磁铁固定在一个广口玻璃杯中，杯中注入一半水银，再将金属杆的一段浸入水银，另一端挂在可以转动的金属架子上。当电流接通后，金属杆就会绕着磁铁旋转起

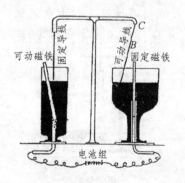

发电机装置示意图

来。装置使用电流将物体运动起来，这是第一次"电能"转化为"机械能"的实验。虽然法拉第发明的电动机装置简陋，但它却是现今世界上所有电动机之祖。

2. 研制出世界上最早的发电机装置

"电能生磁，那么磁能不能生电？"这个想法困扰了法拉第多年，他为此进行了多次实验，也多次品尝到失败的痛苦。直到 1831 年，法拉第在做实验，把磁铁插入一个闭合线路中的线圈时，无意间看到测试电流的仪表指针转动了一下，但瞬间又归于静止。当他把磁铁从线圈中拔出来时，仪表指针又动了一下。这表明一块磁铁穿过一个闭合线路时，线路内就会有电流产生，"磁生电"终于被发现了。这微弱的电流意义非凡，电和磁终于走到了一起。这一发现成为后来影响人类生产生活的重要因素。

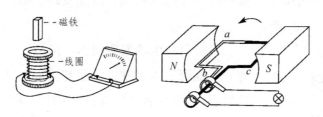

电磁感应现象示意图

3. 发现电磁感应定律

一个线圈中产生的感应电流与线圈在单位时间内所切割的磁力线匝数成正比。

4. 发明了圆盘发电机

1831年，法拉第根据电磁感应定律研制出了圆盘发电机，标志着世界上最早的电磁式发电机装置诞生了。

法拉第日记中的发电机原理草图

5. 评价

法拉第电磁式发电机使人类首次实现了"机械能"向"电能"的转换，它意味着可以通过水轮机用势能或蒸汽机用热能做功获得电能，以代替昂贵的伏特电池。自此，人类跨入电力技术新时代。

除了发明电动机和发电机外，法拉第还发现了电磁感应、抗磁性、顺磁性、磁光效应等很多电磁现象，其中，电磁感应最为重要。在我们的日常生活中，从各种类型的变压器、家庭做饭的电磁炉到电池的无接触充电、磁悬浮列车等运用的都是电磁感应原理。

法拉第晚年提出了光是一种电与磁的震动，由此发现了磁光效应，把电磁和光两种现象联结起来。

亚历山大·仲马

法拉第一生的发明很多，但从来没有申请过一个专利，他所有的发现、发明都为人类共享。他对妻子这样说："我的名字叫迈克尔·法拉第，将来，刻在我的墓碑上的也唯有这一名字而已！"

法国著名作家亚历山大·仲马（Alexandre Dumas，1802—1870）高度评价法拉第："我不知道是否会有一位科学家，能够像法拉第那样，留下许多令人惬意的成就，当作赠与后辈的遗产而不自满……他的为人异常质朴，爱慕真理异常热烈；对于各项成就，满怀敬意；别人有所发现，力表钦羡；自己有所得，却十分谦逊；不依赖别人，一往直前的美德。所有这些融合起来，就使这位伟大的物理学家的高尚人格，添上一种罕有的魅力。"[1]

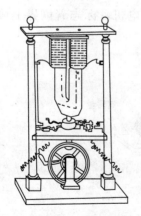

手摇直流发
电机示意图

（二）皮克西：设计出第一台直流发电机

1832年，在法拉第发现"磁生电"现象一年后，法国巴黎的机械师皮克西（Hippolyte Pixii，1808—1835）用旋转的线圈代替法拉第圆盘，研制出能发交流电的发电机模型。不久，他在电机轴上加装金属换向片，设计出了世界上第一台直流发电机。

尽管皮克西设计的直流发电机功率和效率都很低，但是这一发明标志着科学发现已经开始走出实验室。

---

[1] 刘鹤龄编：《名人传记故事丛书：法拉第》：中国和平出版社，1996年版。

皮克西在电磁方面表现出超常的创造力，这是他自身的天赋、努力、机遇等多种因素综合作用的结果。眼看皮克西就要推动人类进入"电力工业革命"的时代，但是他的生命在 1835 年戛然终止，年仅 27 岁。

（三）西门子：发明了电磁铁式发电机

在皮克西发明发电机后的 30 多年间，虽然人类在不断改进发电机，但始终未能研制出实用发电机。

直到 1867 年，德国发明家韦纳·冯·西门子（Ernst Werner von Siemens，1816—1892）在前人研究的基础上，发明了电磁铁式发电机。这种发电机因产生的电流较强，作为实用发电机被广泛应用起来。

西门子

（四）阿纽什：发明了"电磁自转机"

1827 年，匈牙利科学家耶德利克·阿纽什（Jedlik Ányos，1822—1895）根据电磁铁的原理，发明了"电磁自转机"。它包括定子、转子和转换器，是历史上最早的"电动机"，也是现代电动机的雏形。

阿纽什

（五）格拉姆：制成新型发电机和实用电动机

虽说法拉第早已从原理上确定了制造发电机的可行性，但他制造的发电机只是些实验性装置。

比利时-法国籍杰出发明家、工程师齐纳布·格拉姆（Gramme，Zénobe Théophile，1826—1901），一生致力于发电机、电动机的研究与改进，对新型发电机和实用电动机的研制做出了重大贡献。

格拉姆

1. 格拉姆的新型改良发电机

1870 年，格拉姆根据西门子的电磁铁式发电机原理，制成了性能优良的新型发电机。这是真正能用于工业生产的发电设备，电力工业的发展就建立在格拉姆的新型改良发电机上。

2. 格拉姆与实用电动机的偶然发明

1873 年，在奥地利维也纳世博会上，格拉姆展示他研制的新型改良发电机时，无意间把一台发电机接反了，当蒸汽机推动另一台发电机转动时，产生的电流竟然使这台接反线的发电机转动起来，变成了电动机。

随后，工程师们设计了一个新的演示：用一个小型的人工瀑布来驱动水力发电机，再用发电机的电流带动一个新近发明的电动机运转，电动机又带动水泵来喷射水柱泉水。这直接促进了实用电动机（马达）的问世。

3. 格拉姆对电力工业革命的重大贡献

格拉姆研制的新型发电机和实用电动机，没有高压锅炉的危险，没有燃煤时的浓烟污染，却能提供动力，而且干净、轻便，比蒸汽机有更大的应用潜力。这一发现拉开了电气化时代取代蒸汽机时代的序幕。

从格拉姆发明的发电机和电动机开始，以电的应用为标志，人类开始了电力工业革命。

（六）特斯拉：制造出世界上第一台三相交流发电机

特斯拉

1. 交流电

继爱迪生发明直流电后不久，1882 年，塞尔维亚裔美籍物理学家、机械工程师和电机工程师尼古拉·特斯拉（Nikola Tesla，1856—1943）发明了交流电（AC），并改良制造出世界上第一台三相交流发电机。他在美国获得了交流电动机的专利。

1895 年，特斯拉为美国尼加拉瓜水电站制造交流发电机组。该发电站至今仍是世界著名水电站之一。

2. 特斯拉线圈

1891 年，特斯拉发明了"特斯拉线圈"，实现了电力的无线传输，经科学实验验证这是最有效传送电力的方法。

1899 年，特斯拉在他的实验室利用电磁感应原理，无线点亮了 18 米外的电灯泡。实验成功后，他提出了一个大胆设想：建造一个发射机作为"电源"，以地球高空的电离层作为"放电线圈"，再在其他地方建造一座"电力接收机"，这样就可以实现电力的全球无线传输。

现在看来，特斯拉的设想实在太胆大了，如果真要进行实验，破坏了地球上空的电离层，那将会给地球生物带来灭顶之灾。

不过，随着科技的发展，人们已经逐步开始研究有关无线传输的科学技术。最近科学家正在研究把在太空中利用太阳能产生的电力无线传输到地球上来。在弱电环节，目前一些高端智能手机已经实现了用无线传输电能为手机充电的需求。

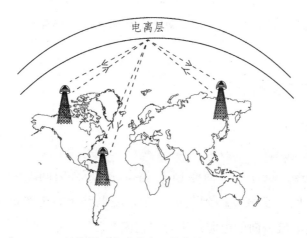

特拉斯"全球电力无线传输设想图"

知识小链接

天才科学家特斯拉

特斯拉是一位极具创造力的科学家和发明家，不仅发现了旋转磁场，还拥有交流电（AC）、三相交流发电机、多相电力传输、无线电力传输、无线电通信、无线电遥控、X光摄影、霓虹灯等700多项发明专利，并且在机器人、计算机以及导弹科学领域进行前沿性探索。他的许多想法都超乎想象，对当时和现代的许多科学技术领域都有所启发。特斯拉是推动电力工业革命的重要人物，在交流电技术成熟后，电力的巨大应用前景才明朗起来，电力工业革命才如火如荼地展开。

特斯拉晚年毅然将交流电动机发明专利撕毁，放弃了成为千万亿富翁的机会，让其永远成为全人类共享资源，自己却穷困潦倒，长年拮据。

特斯拉当时的发明创造过于超前，勇于挑战"正统科学"，以至于他本人及其成果成为科学界争议的对象，有人甚至将他的成果称为"伪科学"。

特斯拉的杰出贡献不会被埋没。1956 年，在特斯拉诞辰 100 周年纪念日之际，人们对特斯拉的认识和研究迎来了一场国际性的复苏。1960 年，在巴黎召开的国际计量大会决定，磁通量密度的单位以"特斯拉"命名，以纪念他对电磁学做出的巨大贡献。1990 年，特斯拉 134 周年诞辰，美国多名国会参议员赞扬他在电力学上的贡献，把他誉为比爱迪生更伟大的发明家。

五、直流电与交流电

（一）直流电

1. 什么是直流电？

直流电（Direct Current，简称 DC）是指方向不随时间发生变化的电流。电流由正极，经导线、负载，回到负极。在直流电路中，电流的方向始终不变，我们将输出固定电流方向的电源，称为"直流电源"。

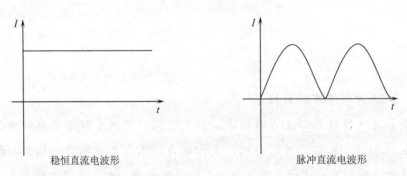

稳恒直流电波形　　　　　　脉冲直流电波形

直流电波形示意图

2. 直流电的缺陷

（1）直流电供电空间有限。直流电供电近距离传输没什么问题，但是如果远距离传输就存在诸如线损太大等很多问题。

（2）直流电输出的功率小。直流电供电带不动电动机，不能用作工业动力，主要用于照明。

上述问题限制了直流输电的应用，促使人们探究新的供电方式。

（二）交流电

1. 什么是交流电？

交流电（Alternating Current，简写 AC）是指大小和方向都发生周期性变化的电流，或称为"交变电流"。

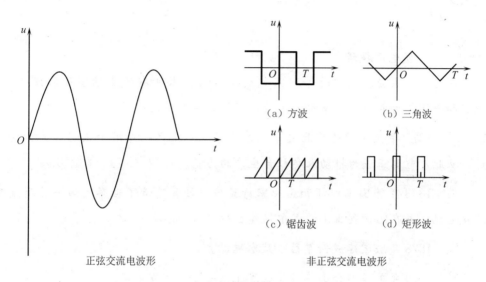

（a）方波　　　　（b）三角波

（c）锯齿波　　　　（d）矩形波

正弦交流电波形　　　　非正弦交流电波形

交流电波形示意图

直流电很简单，但是交流电比较复杂。交流电很早就已经出现，但是人们当初对交流电认识有限，普遍认为交流电没什么用处，都是把它"整流"成直流电使用。整流就是将交流电变成直流电的过程。

2. 交流电的优势

电在长距离传输过程中，在导体内遇到电阻将产生热量，不可避免地损失掉一部分电能。电流越大，距离越远，浪费也就越大。解决这个问题的办法就是提高电压，减小电流，从而保持被传输的功率总量不变，减少发热量，降低损失。

变压器利用交变磁场，把电压提高到很高，然后长距离传输，减少损耗。用电户可以根据需要再利用变压器降低电压使用。

直流电与交流电的比较

类别	优势	缺陷
直流电	更加稳定	供电范围有限，远距离输送线损太大
交流电	远距离输送方便	需经过整流滤波后才能使用

知识小链接

发电厂趣话

在英国、法国、比利时等国家完成了电力技术所有的基础理论和发明后，德国和美国作为电力工业革命的主角，开始走在世界的前列。

⚡ 1875 年在法国巴黎北火车站诞生了世界上第一座用于照明的火力发电厂，从此，电真正成为推动人类社会生产的力量。

⚡ 1878 年德国工程师和企业家舒克特设计和建造了世界上第一座蒸汽直流发电站，并在巴伐利亚州的塔尔镇建成投产。

⚡ 1878 年法国建成世界第一座水电站。

⚡ 1879 年美国旧金山建成了世界上第一个商用发电厂。

⚡ 1882 年美国发明家、企业家爱迪生在伦敦建成了世界上第一个公共直流电发电厂，同时在美国威斯康星州的一条大河上建成了一座大型水电站。

⚡ 1882 年上海建成了我国第一座发电厂。[①]

六、小结

人类对电磁的科学认识，从 17 世纪初"电学之父"——吉尔伯特发现了磁石之间的引力，到 1888 年德国科学家赫兹发现电磁波，只有 200 多年的时间，如果从 1820 年奥斯特发现电流磁效应算起，仅有 60 多年的时间。其间许多科学

---

① 1882 年英国人立德尔（R. W. Little）等成立了上海电气公司，建立了中国第一座发电厂，比英国伦敦霍尔蓬高架路发电厂晚 6 个月，比美国纽约市珍珠街发电厂早 3 个月。

家都为电力事业的发展做出了巨大贡献。正是他们的理论和发明，直接开启了以电力的广泛应用为标志的第二次科技革命，不仅推动了生产技术由一般的机械化向电气化、自动化的转变，更改变了人们的生活方式，从此人类社会步入电气时代。

　　时至今天，这些发明仍然在我们的生产生活中广泛应用，例如，运用麦克斯韦方程式来设计各种手机的天线、变压器上线圈的缠绕法，利用赫兹发现的电磁波制作雷达，或设法躲避雷达探测的隐形飞机，等等。

　　回顾人类对电的发现及近代科学家对电的探索，我们坚信科学需要探索精神。青少年朋友们，自然界是不断发展变化的，科学探索无止境，希望你们做一个勇于探索的新时代有为人才，为社会做出更大贡献。

第四章　发电

从 19 世纪六七十年代开始,随着新型实用发电机、电动机的发明和应用以及远距离输电技术的出现,电力开始用于驱动机器成为新动力。

本章主要介绍目前将水能、石化燃料(煤、油、天然气等)的热能、核能以及太阳能、风能、地热能、海洋能等转换为电能的发电方式,并探讨当今新能源发电技术。

目前的发电方式主要有:火力发电、水力发电、核能发电、风力发电、太阳能发电、地热能发电、潮汐能发电等。

一、火力发电

(一)什么是火力发电?

火力发电一般是指利用石油、煤炭和天然气等燃料通过燃烧时产生的热能来加热水,使水变成高温、高压水蒸气,将这些饱和蒸汽经过过热器成为过热蒸汽,然后再由过热蒸汽推动发电机发电的方式的总称。

以煤、石油或天然气作为燃料的发电厂统称为火电厂。在所有发电方式中,火力发电是历史最久也是最重要的一种发电形式。

(二)火力发电工作原理

利用燃料发热,加热水,形成高温高压过热蒸汽,然后蒸汽沿管道进入汽轮机中推动汽轮机旋转,带动发电机转动,发出电能,再利用升压变压器,升到系统电压,与系统并网,向外输送电能。

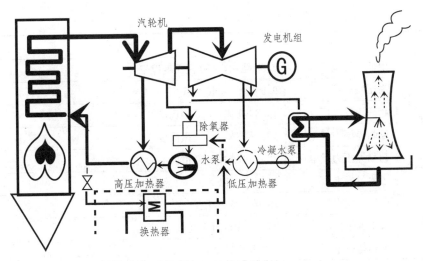

火力发电厂工作示意图

火力发电中存在着三种形式的能量转换过程：燃料化学能→蒸汽热能→机械能→电能。

（三）火电厂分类

1. **按燃料分**：燃煤发电厂、燃油发电厂、燃气发电厂、余热发电厂等。

2. **按蒸汽压力和温度分**：中低压发电厂、高压发电厂、超高压发电厂、亚临界压力发电厂、超临界压力发电厂。

3. **按发电厂装机容量分**：小容量发电厂、中容量发电厂、大中容量发电厂、大容量发电厂。

表 4-1　火电厂的分类

依据	分类	类别
燃料	燃煤发电厂	以煤为燃料
	燃油发电厂	以燃油为原料
	燃气发电厂	以天然气、沼气、液化气、油田伴生气等可燃性气体为燃料
	余热发电厂	高温烟气余热，化学反应余热，废气、废液余热，低温余热（低于 200 摄氏度）等

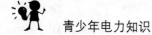

续表

依据	分类	类别
蒸汽压力和温度	中低压发电厂	3.92 兆帕，450 摄氏度以下
	高压发电厂	9.9 兆帕，540 摄氏度
	超高压发电厂	13.83 兆帕，540 摄氏度
	亚临界压力发电厂	16.77 兆帕，540 摄氏度
	超临界压力发电厂	22.11 兆帕，550 摄氏度
发电厂装机容量	小容量发电厂	10 万千瓦以下
	中容量发电厂	10 万—25 万千瓦
	大中容量发电厂	25 万—100 万千瓦
	大容量发电厂	100 万千瓦以上

火力发电之最

⚡ 1875 年法国巴黎北火车站建成世界上第一座火电厂。

⚡ 1882 年，中国在上海建成了一座装有 1 台 12 千瓦直流发电机的火电厂，供电灯照明使用。

⚡ 1886 年，美国建成第一座交流发电厂。

目前，世界在产的最大的火力发电厂是中国内蒙古大唐国际托克托发电有限责任公司（简称"托电"），总装机容量达到 672 万千瓦。2020 年发电量达 333.17 亿千瓦时，仅 7 月 12 日单日发电量高达 1.06 亿千瓦时。

（四）火力发电的特点

1. 优点

技术成熟，对场地要求一般，初期投资小，建设周期短，成本较低，对地理环境要求低，不受季节和气候的影响。

2. 缺点

污染大，耗能大，效率低。

（五）我国火力发电的前景

现在，我国的发电厂大多数为火力发电厂。据国家统计局信息显示，2020年我国火力发电量为 53 302 亿千瓦时，占全国年发电量的 71.2%。其中，以煤为燃料的电厂又在火力发电厂中占了绝大多数。

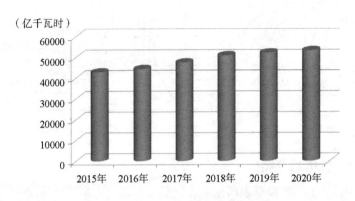

（亿千瓦时）

我国 2015—2020 年火力发电量示意图

数据来源：国家统计局。

我国煤炭资源丰富，在今后相当长的时间内，这种以煤为主的电力能源结构不会有大的改变。中国火力发电有光明的前景，也面临能源减少、环境污染等严峻挑战，当今只有加快火力发电科技研究，减少污染，降低能耗，提高效率，才能为我国火电事业发展做出新贡献。

二、水力发电

（一）什么是水力发电？

水力发电是利用河流、湖泊等位于高处具有势能的水流至低处时，将其中所含势能转换成推动水轮机转动的机械动能，再借水轮机为原动力，推动发电机产生电能进行发电。在某种意义上，水力发电是水能（水能主要是水的位能）转变成机械能再转变成电能的过程。

（二）水力发电工作原理

利用水位落差，将高处水的位能转为水轮机的机械能，再以机械能推动发电机发电得到电能。

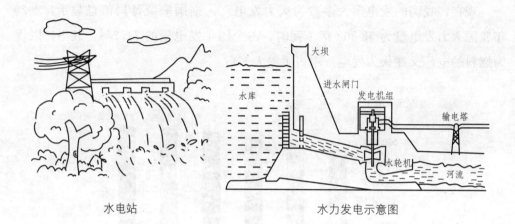

水电站　　　　　　　　　　水力发电示意图

（三）水力发电站分类

水力发电站的分类如下表所示：

水力发电站的分类

依据	分类	类别
水源性质	常规水电站	利用天然河流、湖泊等水源
	抽水蓄能电站	利用电网负荷低谷时多余的电力，将低处水库的水抽到高处上存蓄，待电网负荷高峰时放水发电，尾水收集于下游水库储蓄
水电站装机容量	小型水电站	0.5 万千瓦以下
	中型水电站	0.5 万至 10 万千瓦
	大型水电站	10 万千瓦及以上

水力发电之最

⚡ 1878 年，法国建成世界第一座水电站。

⚡ 1879 年，瑞士建成世界第一座抽水蓄能电站——勒顿抽水蓄能电站。

⚡ 1885 年，意大利建成第一座商业性水电站——特沃利水电站。

1912 年，在云南昆明的石龙坝建成的中国第一座水电站，开创了中国水电建设的先河，被称为中国水电站的鼻祖。[①]

1960 年，新中国第一座大型水力发电站——新安江水电站，是新中国自己设计、自制设备、自行施工的第一座大型水力发电站，它是我国水电工程建设史上的一座里程碑。

2000 年，中国第一座也是目前世界上最大的抽水蓄能电站——广州抽水蓄能电站全部建成投产，总装机容量 240 万千瓦。

2009 年，我国建成世界上装机容量最大的水力发电厂——三峡水利枢纽工程。截至 2020 年 12 月 31 日，三峡电站 2020 年全年累计发电 1 118 亿千瓦时，是世界上单座水电站年发电量最大的水电站，这些电能将送往江苏、上海等九个省市。依靠着滚滚东流的长江水，三峡工程以清洁能源"点亮"半个中国。[②]

（四）水力发电的特点

1. 优点

（1）水能是一种取之不尽、用之不竭、可再生的清洁能源。水力发电，在生产运行中发电效率高，发电成本低，机组启动快，调节容易。不消耗燃料，不排放有害物质，其管理运行费与发电成本以及对环境的影响远比火力发电低，是成本低廉的绿色能源。

（2）水力发电往往是综合利用水资源的一个重要组成部分，与航运、养殖、灌溉、防洪和旅游组成水资源综合利用体系。水能是可再生能源，对环境冲击较小。

（3）除可提供廉价电力外，水力发电还有下列优点：修复该地区的小气候，形成新的水域生态环境，有利于生物生存，有利于人类进行防洪、灌溉、改善河流航运，特别是可以发展旅游业及水产养殖。

---

① 1957 年 3 月 18 日，朱德同志在昆明石龙坝电站视察时，向电站职工感慨地说："你们要好好保护电站，它是中国水力发电的老祖宗哟！"

② 中国网：http://www.china.com.cn.《三峡工程"点亮"了半个中国》。

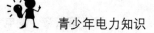

2. 缺点

（1）水力发电需修建水库，会影响上游和下游周围区域的水生态系统，会改变局部地区的生态环境。可能会淹没部分土地，需要移民搬迁。

（2）工程投资大、建造费用高、建设周期长。

（3）受自然条件的影响较大，枯水期可能导致无水发电。

3. 我国水力发电的前景

我国水力资源丰富，居世界第一。我国水能资源的突出特点是河流的河道陡峻、落差巨大，发源于"世界屋脊"——青藏高原的大河流，如长江、黄河、雅鲁藏布江、澜沧江、怒江等天然落差都高达 5 000 米左右，形成了一系列世界上落差最大的河流。

根据最新统计，我国水能资源可开发装机容量约 6.6 亿千瓦，年发电量约 3 万亿千瓦时。2020 我国水电的装机容量为 3.56 亿千瓦，年发电量 1.355 2 万亿千瓦时。根据《水电发展"十三五"规划》，预计到 2025 年底，常规水电规模达 3.9 亿千瓦，年发电量 1.75 万亿千瓦时；2030 年常规水电装机达 4.5 亿千瓦，年发电量 2.16 万亿千瓦时。目前，我国不仅是世界上水电装机规模最大的国家，也是在建规模最大、发展速度最快的国家，水电科技水平已跻身国际先进行列，并且在高坝工程技术领域处于国际领先地位，水电开发的前景是极其广阔的。

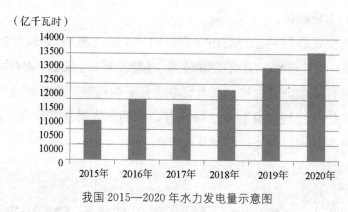

我国 2015—2020 年水力发电量示意图

数据来源：国家统计局。

知识小链接

我国十三大水电基地建设蓝图

在科学勘察全国水利资源的基础上，我国提出了规划建设十三大水电基地的宏伟蓝图。①

☞ 金沙江水电基地：金沙江干流、径流丰沛，河道落差大，水力资源丰富，开发条件较好，是全国最大的水电能源基地，可开发水电装机容量58 580兆瓦，多年平均年发电量2 826亿千瓦时。

☞ 长江上游水电基地：长江上游水电基地由长江干流宜宾至宜昌段和支流清江组成。长江上游水电基地规划装机容量33 197兆瓦，年发电量1 438亿千瓦时。

☞ 雅砻江水电基地：雅砻江为金沙江一级支流，水量丰沛、落差大，水力资源丰富。总装机容量25 700兆瓦，年发电量1 250亿千瓦时。

☞ 澜沧江干流水电基地：指澜沧江云南段，规划水电装机容量25 110兆瓦，年发电量1 203亿千瓦时。

☞ 大渡河水电基地：大渡河干流水电基地是指大渡河干流四川境内河段，总装机容量为24 920兆瓦，年发电量1 136亿千瓦时。

☞ 怒江水电基地：怒江干流水电基地是指怒江中下游河段，总装机容量21 990兆瓦，年发电量1 037亿千瓦时。

☞ 黄河上游水电基地：指黄河上游的中段，茨哈峡—龙羊峡—青铜峡段，总装机容量20 930兆瓦，年发电量750亿千瓦时。

☞ 南盘江红水河水电基地：指从上游南盘江的天生桥到黔江的大藤峡，总装机容量14 300兆瓦，年发电量635亿千瓦时。

☞ 东北三省水电基地：指黑龙江、吉林、辽宁三省诸河，包括黑龙江干流界河、牡丹江干流、第二松花江上游、鸭绿江流域和嫩江流域，规划有大

---

① 北极星电力网新闻中心：中国十三大水电基地规划世界级巨型水电站云集，http://news.bjx.com.cn/。

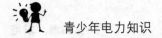
中型水电站 62 个，总装机容量 13 260 兆瓦，年发电量 355 亿千瓦时。

☞　闽浙赣水电基地：闽浙赣三省水电基地规划建设大中型水电站 65 个，总装机容量 12 200 兆瓦，年发电量 315 亿千瓦时。

☞　乌江水电基地：乌江是长江上游右岸最大的一条支流，也是贵州第一大河流，乌江规划为 12 级开发总装机容量为 11 220 兆瓦，年发电量 396 亿千瓦时。

☞　湘西水电基地：包括湖南省西部沅水、资水和澧水流域。湘西水电基地规划大中型水电站 51 个，总装机容量 10 815 兆瓦，年发电量 378 亿千瓦时。

☞　黄河中游水电基地：指黄河从托克托县河口镇至禹门口（龙门）干流河段，通常又称托龙段。规划 6 个梯级总装机容量 6 408 兆瓦，年发电量 178 亿千瓦时。

三峡水力发电站

三峡水力发电站（三峡水利枢纽工程）简称"三峡水电站"。

地处重庆市市区到湖北省宜昌市之间的长江干流与宜昌市上游不远处的三斗坪，并和下游的葛洲坝水利枢纽构成梯级电站，是中国有史以来建设的最大型的工程项目。

三峡水电站是当今世界上最大水电站，总装机容量 2 250 万千瓦，位居世界第一，年设计发电量 882 亿千瓦时，是我国"西电东送"和"南北互供"的骨干电源点。

2018 年三峡水电站年发电量首破 1 000 亿千瓦时，相当于节煤 0.3 亿吨，创国内单座水电站年发电量新纪录。到 2020 年底，三峡水电站全年累计生产清洁电能 1 118 亿千瓦时，打破了年发电量世界纪录。

三、核能发电

（一）什么是核能发电？

核能发电是利用核反应时所释放出的巨大热能，将水变成高压蒸汽推动发电机进行发电的过程，它是实现低碳发电的一种重要方式。

（二）核能发电原理

利用核燃料进行核分裂连锁反应所产生的热，将水加热成高温高压的状态，利用产生的蒸气推动汽轮机并带动发电机。其与火力发电极其相似，只是以核反应堆及蒸汽发生器来代替火力发电的锅炉，以核裂变能代替矿物燃料燃烧释放的化学能。

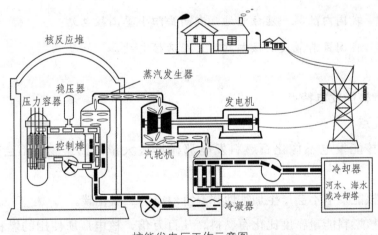

核能发电厂工作示意图

（三）核电站分类

核电站按照反应堆的形式可以分为压水堆核电站、沸水堆核电站、重水堆核电站、石墨气冷堆核电站、快堆核电站等五种类型。

核电站之最

☞ 世界上第一个核电站：1954 年苏联建成的奥布灵斯克核电站。

☞ 世界上最大的核电站：位于日本西北部新潟县的柏崎·刘羽核电站，1985 年投入使用。日本新潟地区 2007 年 7 月 16 日发生强烈地震，导致靠近震中的这座世界最大核电站发生核泄漏而被完全关闭。

☞ 世界核电生产能力最强的国家：美国，拥有 100 余座核电站。

☞ 核电发电量占全国总电力比例最高的国家：法国。法国核电发电量占全国总电力的比例接近 80%。

☞ 我国第一座自行设计建造的核电站：秦山核电站。

☞ 我国内陆第一座核电站：湖南岳阳小墨山核电站。

☞ 我国目前最大的核电站：大亚湾核电站。

(四) 核能发电特点

1. 优点

（1）核能发电不像化石燃料发电那样排放大量的污染物，不会造成空气污染。

（2）核能发电不会产生加重地球温室效应的二氧化碳。

（3）核燃料能量密度比化石燃料高几百万倍，核电厂所使用的燃料体积小，运输与储存都很方便，一座 100 万千瓦的核能电厂一年只需 30 吨左右的铀燃料，一航次的飞机就可以完成运送。

（4）在核能发电的成本中，燃料费用所占的比例较低。

2. 缺点

（1）核能发电会产生放射性废料，需要慎重处理。

（2）核能发电厂热效率较低，排放到环境里的废热较多，热污染较严重。

（3）核能发电技术和设备要求高，投资成本大，建设周期长。

（4）核电厂的反应器内有大量的放射性物质，如果发生事故，放射性物质释放到外界环境中，会对生态及民众造成伤害。

核能发现利用趣话

核能是人类最伟大的发现之一，它凝聚了众多科学家的智慧和汗水。

⚡ 1895 年，德国物理学家威廉·康拉德·伦琴（Wilhelm Röntgen，1845—1923）发现了 X 射线。

⚡ 1896 年，法国物理学家贝克勒尔（Henri Becquerel，1852—1908）发现了放射性。

伦琴　　　　　　　　　　　　　　贝克勒尔

⚡ 1898 年，玛丽·居里（居里夫人）（Marie Curie，1867—1934）与皮埃尔·居里先生（Pierre Curie，1859—1906）发现了新的放射性元素钋。

居里夫人　　　　　　　　　　　　居里先生

⚡ 1902 年，居里夫人发现了放射性元素镭。

爱因斯坦

⚡ 1905 年，科学巨匠阿尔伯特·爱因斯坦（Albert Einstein，1879—1955）提出质能转换公式①。

⚡ 1914 年，英国物理学家欧内斯特·卢瑟福（Ernest Rutherford，1871—1937）通过实验，确定氢原子核是一个正电荷单元，称为"质子"。

⚡ 1935 年，英国物理学家詹姆斯·查得威克（James Chadwick，1891—1974）发现了中子。

卢瑟福

查得威克

哈恩

⚡ 1938 年，德国科学家奥托·哈恩（Otto Hahn，1879—1968）用中子轰击铀原子核，发现了核裂变现象。

⚡ 1942 年 12 月 2 日，美国芝加哥大学成功启动了世界上第一座核反应堆。

⚡ 核能最早利用于军事方面：1945 年 8 月 6 日和 9 日，美国将两颗原子弹先后投在了日本的广岛和长崎。

⚡ 1954 年，苏联建成了世界上第一座民用核电站——奥布灵斯克核电站，从此人类开始了核能的和平利用，核能开始造福百姓。

---

① 质能转换公式 $E=mc^2$（E 表示能量，m 代表质量，c 表示光速），这是阐述能量（E）与质量（m）间相互关系的理论物理学公式。

（五）全球核电发展情况

全球核电发电经历了四个阶段：

全球核电发展的四个阶段

阶段	时间	概述
实验示范阶段	20 世纪 50 年代中期—60 年代初	世界共有 38 个机组投入运行，属于早期原型反应堆，即"第一代"核电站
高速发展阶段	20 世纪 60 年代中期—80 年代初	世界共有 242 个核电机组投入运行，属于"第二代"核电站
减缓发展阶段	20 世纪 80 年代初—21 世纪初	由于 1979 年的美国三里岛核电站事故以及 1986 年的切尔诺贝利核泄漏，全球核电发展迅速降温
开始复苏阶段	21 世纪以来	美国、欧洲、日本开发的先进的轻水堆核电站，即"第三代"核电站取得重大进展

核能作为一种清洁、稳定且有助减缓气候变化影响的能源正为越来越多的国家所接受。目前全世界共有 60 多个国家考虑发展核能发电，预计到 2030 年将有 10—25 个国家首建核电站。

目前全球核电站的数量逐年增加，截止到 2020 年 8 月世界各国所运行的核电反应堆 441 座、在建核反应堆 54 座。全球十大核能发电国家为：美国、法国、中国、日本、俄罗斯、加拿大、乌克兰、英国、瑞典。

（六）我国核电的发展情况

我国的核电起步较晚，但发展速度较快。1991 年底，中国自行设计建造的第一座秦山核电站投入运行，结束了我国大陆无核电的历史。

目前，大亚湾核电站于 1994 年全部并网发电；广东省岭澳核电站 2003 年 1 月全面建成并投入商业运行；江苏省田湾核电站 2005 年全面建成并投入商业运行。2020 年我国核能发电量达 3 662.43 亿千瓦时，占全球总量 13.6%，居全球第二位。核电是我国第四大电力来源。

我国核电从无到有、由弱转强的跃升是"中国速度"的典型体现。在核电的设计、建造、运营、管理能力及核燃料保障、装备制造能力上，中国已发展壮大为世界核电业中的一支重要力量。目前，我国不仅可以自主设计建造 30 万千瓦和 60 万千瓦压水堆核电机组，还具备了以我方为主、中外合作建设百万千瓦级压水堆核电机组的能力。我国的核电站运行、管理水平达到了世界先进水平。

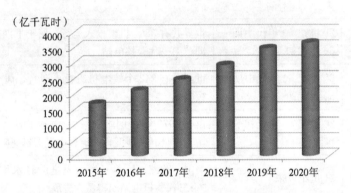

我国 2015—2020 年核能发电量示意图

数据来源：国家统计局。

（七）核能

1. 原子及原子核

世界上的一切物质都是由带正电的原子核和绕原子核旋转的带负电的电子构成的。原子核包括质子和中子，质子数决定了该原子属于何种元素，原子的质量数等于质子数和中子数之和。如一个铀-235 原子是由原子核（由 92 个质子和 143 个中子组成）和 92 个电子构成的。如果把原子看作是我们生活的地球，那么原子

原了弹爆炸简图

核就相当于一个乒乓球的大小。虽然原子核的体积很小，但在一定条件下却能释放出惊人的能量。

2. 什么是核能？

核能是核裂变能的简称。50 多年以前，科学家在一次试验中发现铀-235 原子核在吸收一个中子以后能分裂，在放出 2—3 个中子的同时释放出一种巨大的

能量（这种能量比化学反应所释放的能量大得多），这就是核能。核能的获得途径主要有重核裂变与轻核聚变两种。

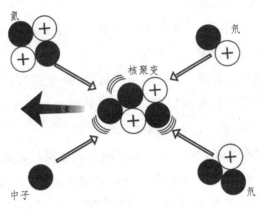

原子核的聚变

核聚变要比核裂变释放出的能量更多。例如，相同数量的氘和铀-235分别进行聚变和裂变，前者所释放的能量约为后者的三倍多。只是实现核聚变的要求较高，即需要使氢核处于6 000摄氏度以上的高温才能使相当的核具有动能从而实现聚合反应。

被人们所熟悉的原子弹、核电站、核反应堆等都利用了核裂变的原理。

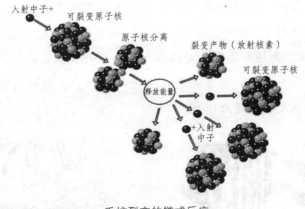

重核裂变的链式反应

原子核的聚变与裂变释放出大量能量的时候，它们的总质量变少了。减少

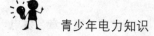

的质量（m）与释放的能量（E）之间的关系就是 $E＝mc^2$（c 是光的速度），这就是爱因斯坦著名的"质能关系"。

3. 核能是可持续发展的能源

据估计，世界上核裂变的主要燃料铀和钍的储量分别约为 490 万吨和 275 万吨，这些裂变燃料足以用到聚变能时代。

轻核聚变的燃料是氘和锂，1 升海水能提取 30 毫克氘，在聚变反应中能产生约等于 300 升汽油所能释放的能量，即"1 升海水约等于 300 升汽油"，地球上海水中有 40 多万亿吨氘，足够人类使用百亿年。

地球上的锂储量有 2 000 多亿吨，锂可用来制造氚，足够人类在聚变能时代使用。以目前世界能源消费的水平来计算，地球上能够用于核聚变的氘和氚的数量，可供人类使用上千亿年。有关能源专家认为，如果解决了核聚变技术，那么人类将能从根本上解决能源问题。

知识小链接

核事故案例

☞ 美国三里岛核电站事故

1979 年 3 月 28 日凌晨 4 时，美国宾夕法尼亚州的三里岛核电站发生事故，大量放射性物质溢出。从最初清洗设备的工作人员的过失开始，到反应堆彻底毁坏，整个过程只用了 120 秒。事故发生后，全美震惊，核电站附近的居民惊恐不安，约 20 万人撤离这一地区。美国各大城市的群众和正在修建核电站的地区的居民纷纷举行集会示威，要求停建或关闭核电站。美国和西欧一些国家的政府不得不重新检查发展核动力计划。

核辐射导致的西瓜变异　　　　　　　核辐射导致的胡萝卜变异

☞　切尔诺贝利核电站事故

1986 年 4 月 26 日，乌克兰境内切尔诺贝利核电站的核子反应堆发生事故。该事故被认为是历史上最严重的核电事故，也是首例被国际核事件分级表评为最高等级的特大事故。

☞　日本福岛核电站事故

2011 年 3 月 11 日下午，日本东部海域发生里氏 9.0 级大地震，并引发海啸。位于日本本州岛东部沿海的福岛第一核电站受到影响，导致机组爆炸，造成核燃料泄漏，直接造成人类历史上自 1986

碘　对核辐射的作用

日本 9 级大地震导致的福岛核泄漏主要泄漏的物质为 碘131

碘131一旦被人体吸入会引发甲状腺疾病，引发低甲状腺素（简称低甲）症状。

患者必须长期服用甲状腺素片，而更严重的甚至可能引发甲状腺癌变。

在摄入放射性碘后
服用碘的确可封闭甲状腺，让放射性碘无法"入侵"，但服用碘过量在短期内可能会出现肠部不适和过敏现象及甲状腺疾病，严重甚至会致命。

在防止核辐射对人体造成的伤害时
在日常生活中适当多吃一些含碘食品，如碘盐、海鱼、海虾、紫菜等，服用含碘的药品等，微量补偿碘，确保补足身体所需的碘元素并且不会过量。

年切尔诺贝利核泄漏以来最严重的核事故。日本承认有放射性物质泄漏到大气中，会对人体健康和环境产生影响，方圆若干千米内的居民被紧急疏散。

四、风力发电

风能是没有公害的能源之一，而且它取之不尽，用之不竭。对于缺水、缺燃料和交通不便的沿海岛屿、草原牧区、山区和高原地带，可以因地制宜地利用风力发电。

（一）什么是风力发电？

把风的动能转变成机械能，再把机械能转化为电能，这就是风力发电。

风能的利用

风力发电

（二）风力发电的原理

利用风力带动风车叶片旋转，再通过增速机将旋转的速度提升，带动发电机发电。依据目前的风车技术，大约每秒三米的风速（微风的程度）便可以开始发电。

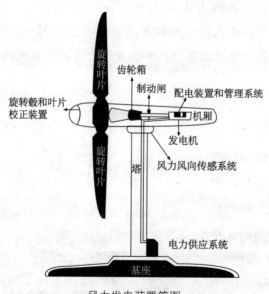

风力发电装置简图

（三）风力发电机类型

风力发电机类型主要有两种：

1. 水平轴风力发电机。指风轮的旋转轴与风向平行。

2. 垂直轴风力发电机。指风轮的旋转轴垂直于地面或者气流方向。

风力发电之最

⚡ 世界第一座风力发电站于 1891 年在丹麦建成。

⚡ 我国的第一座风力发电场位于宁波北仑区甬江入海口南岸笠山之上，1981 年 3 月投入试验运行，标志着我国风力发电开发和利用迈出了实质性的第一步。

⚡ 我国第一座海上风力发电站位于渤海绥中 36-1 油田，2007 年 11 月建成投产，标志着中国发展海上风电有了实质性突破。

⚡ 我国第一个大型风电厂是新疆达坂城风电厂，也是亚洲最大的风力发电站。

⚡ 世界上最大直径风电机组是中国自主研发的陆上第 VI 代风电整机 5.xMWD175 风电机组，风轮直径 175 米！2021 年 6 月在河北成功吊装。

⚡ 世界上风力发电量第一的国家是中国。截至 2020 年，中国风力发电量占全球年风力发电量的 30.45%。

⚡ 世界海上风电第一的国家是英国。其 2020 年海上风电装机容量占全球海上风电装机容量的 33%。

（四）风力发电特点

1. **优点**

（1）风力发电不需要使用燃料，也不会产生辐射或空气污染。

（2）清洁，环境效益好。

（3）可再生，永不枯竭，基建周期短，装机规模灵活。

2. **缺点**

（1）发电成本较高，有一定的噪声，易产生视觉污染。

（2）受季节、气候、天气影响，发电不稳定，不可控。

（3）影响鸟类的飞行和迁徙。

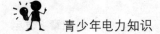

（五）我国风电发展前景

我国是利用风能较早的国家之一，但对于风电的研究起步较晚，新中国成立后才开始摸索研制风力发电机组。经过20多年的研制，我国风力发电取得了明显进展，实现了风力发电小型机组国产化。

1. 新世纪以来，我国的风电发展一直保持着强劲的势头

2012年我国风电装机容量突破6 000万千瓦，超过美国成为世界第一。

2015年我国累计风电装机容量达到12 830万千瓦，占世界风电总装机容量的30%。

2016年我国风电新增装机容量达2 330万千瓦，占全球风电新增装机容量的42.7%，居世界第一。第二名美国新增装机容量820万千瓦，远远落后于中国。

2020年我国风电发电量4 665亿千瓦时，成为我国第三大电力来源。

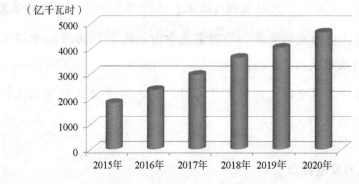

我国2015—2020年风力发电量示意图

数据来源：国家统计局。

2. 我国的风电建设规划

我国新能源战略开始把大力发展风力发电设为重点，风力发电发展前景十分广阔。按照国家规划，未来15年，全国风力发电装机容量将达到2 000万—3 000万千瓦。《新能源产业规划》确定了6个省区的七大千万级风电基地，包括甘肃酒泉风力发电基地、蒙东风电基地、蒙西风电基地、新疆哈密风电基地、吉林风电基地、河北张家口风电基地和江苏风电基地。

风电作为一种环保洁净的绿色能源，有着优化能源结构、促进社会和经济可持续和谐发展等方面的优势，是未来电力能源发展的一个趋势。

（六）我国家用风力发电装置的发展

高效、可靠的家庭用风力发电模式成为一种新型的、具有广阔发展前景的发电方式和能源综合利用方式。

随着国家不断出台相关扶持政策，家用风力发电机作为分布式电源的一种，不但可以解决当地用户用电需求，减少停电，而且

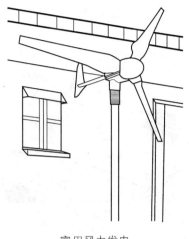

家用风力发电

还能增加生活情趣。它以其小型模块化、分散式，广泛应用在农村、牧区、山区、旅游景区、边防甚至一些小型城市单位。在电网不能通达的偏远地区，约有 60 万居民利用风能实现了电气化。

五、太阳能发电

（一）什么是太阳能发电？

太阳能是太阳内部的氢原子在超高温时聚变释放的巨大能量。太阳每秒钟照射到地球上的能量高达 80 万千瓦，相当于 500 万吨煤燃烧产生的能量。仅仅利用新疆沙漠 100 平方千米的太阳热能发电，就够我们整个中国的用电。

地球上的风能、水能、海洋温差能、波浪能和生物质能都来源于太阳，即使是地球上的化石燃料（如煤、石油、天然气等），从根本上说也是由太阳能转换来的。所以广义的太阳能所包括的范围非常大，狭义的太阳能则限于太阳辐射能的光热、光电和光化学的直接转换。

太阳能是一次能源，可再生能源。它资源丰富，不但可免费使用，而且无须运输，对环境无任何污染。太阳能为人类创造了一种新的生活形态，使人类社会进入到一个节约能源减少污染的时代。

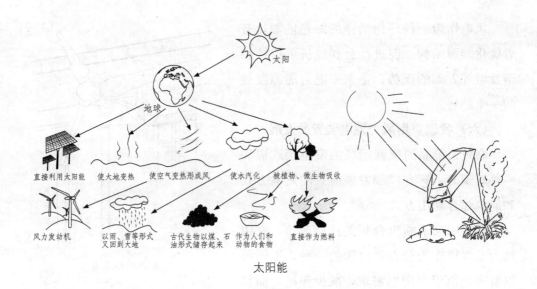

太阳能

目前，成熟的太阳能发电技术主要有太阳能光热发电技术、太阳能光伏发电技术两种，两种技术的运行原理和使用范围都有较大的差别。

（二）太阳能发电的特点

作为理想的可再生能源，太阳能具有"取之不尽，用之不竭"的特点，利用太阳能发电具有环保等优点，而且不必担心其安全性问题，只要有阳光的地方就可以利用太阳能。随着全球能源需求的不断增长，资源、环境和气候变暖等问题日益突出，利用太阳能发电将给人类提供更多清洁能源。

1. 优点

（1）普遍。太阳光普照大地，没有地域的限制，无论陆地或海洋，无论高山或岛屿，处处皆有，可直接开发和利用，无须开采和运输。

（2）无害。开发利用太阳能不会污染环境，它是清洁的能源之一，在环境污染越来越严重的今天，这一点是极其宝贵的。

（3）巨大。每年到达地球表面的太阳辐射能约相当于180多万亿吨煤燃烧产生的能量，其总量属现今世界上可以开发的最大能源之一。

（4）长久。根据目前太阳产生核能的速率估算，太阳中氢的贮量足够维持上百亿年，而地球的寿命也约为几十亿年，从这个意义上讲，太阳的能量是用之不竭的。

2. 缺点

（1）分散。尽管到达地球表面的太阳辐射的总量很大，但是能流密度很低。

（2）不稳定。由于受到昼夜、季节、地理纬度和海拔高度等自然条件的限制以及阴、晴、云、雨等因素的影响，到达某一地面的太阳辐照度既是间断的，又是极不稳定的，这给太阳能的大规模利用增加了难度。

（3）效率低和成本高。目前太阳能利用装置，存在效率偏低、成本较高的问题。

（三）太阳能光热发电

太阳能光热发电也叫作聚焦型太阳能热发电，其通过各种物理方式把太阳能直射光聚集起来，经过换热装置产生高温高压的蒸汽，进而驱动汽轮机发电。

太阳能光热发电站主要有塔式、槽式和碟式（盘式）三类，目前只有槽式线聚焦系统技术最成熟，发电实现了商业化。只有提升太阳能光热发电

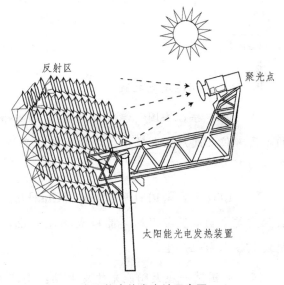

太阳能光热发电站示意图

的技术水平，才能为太阳能光热发电提供强有力的支撑。实现太阳能光热转换的聚光接收器能否做到高效率、低成本，是太阳能热发电能否实现商业化的关键。

（四）太阳能光伏发电

太阳能光伏发电是利用太阳能电池将光能直接转变为电能的一种技术。太阳能电池是太阳能发电装置的核心，它受日光照射产生电流，是直接将太阳能转化为电能的变换器。

光伏发电系统主要由太阳能电池方阵、蓄电池组、充放电控制器、逆变器、交流配电柜、太阳跟踪控制系统等设备组成。其特点是可靠性高，使用寿命长，不污染环境，能独立发电，能并网运行。

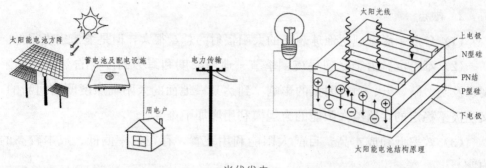

太阳能电池方阵　蓄电池及配电设施　电力传输

用电户

光伏发电

太阳光线

上电极
N型硅
PN结
P型硅
下电极

太阳能电池结构原理

知识小链接

太阳能发电之最

1839 年，法国科学家贝克雷尔（Becqurel）发现，光照能使半导体材料的不同部位之间产生电位差。这种现象后来被称为"光生伏特效应"，简称"光伏效应"。

1954 年，美国科学家恰宾（Charbin）和皮尔松（Paerson）在美国贝尔实验室首次制成了实用的单晶硅太阳能电池，将太阳光能转换为电能的实用光伏发电技术由此产生。

我国第一座太阳能光热发电站：南京江宁太阳热能示范发电站。

我国第一座与高压并网运行的太阳能光伏发电站：西藏羊八井光伏发电站。

我国第一座商业化运营的太阳能热发电站：青海省德令哈市 50 兆瓦塔式熔盐储能光热发电站。

我国最大的太阳能发电站：青海光热电力集团格尔木 200 兆瓦塔式光热发电项目。

亚洲第一座兆瓦级塔式太阳能高温热发电站：北京延庆太阳能高温热发电站。

全球最大的集中式太阳能发电站：迪拜的太阳热能发电项目。2017 年 9 月启动，该电站的总装机容量为 70 万千瓦，用于收集反射太阳光的太阳能集中器高达 260 米，其高度属现今世界同类型集中器之最。

（五）太阳能应用

1. 用户太阳能电源

用于边远无电地区，如高原、海岛、牧区、边防哨所等军民生活用电。

光伏水泵：解决无电地区的深水井饮用、灌溉。

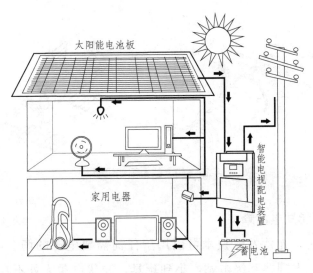

家用太阳能光伏发电示意图

2. 交通领域

一是各类信号灯的供电，如航标灯、交通信号灯、城市照明等；二是太阳能汽车、太阳能电动车及各种电池的充电。

太阳能路灯

太阳能汽车

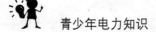

3. 通信领域

太阳能无人值守微波中继站、光缆维护站、农村载波电话、光伏系统士兵 GPS 供电等。

4. 航空航天域

卫星、航天器、空间站太阳能发电等。

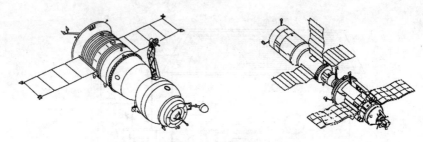

宇宙飞船上的太阳能帆板

（六）太阳能发电前景

从理论上讲，光伏发电技术可以用于任何需要电源的场合，上至航天器，下至家用电源，大到兆瓦级电站，小到玩具，光伏电源无处不在。随着科技的快速发展，太阳能光伏发电在未来会占据世界能源消费的重要市场，不仅会替代部分常规能源，还将成为世界能源供应的主体。

太阳能发电技术最先应用于航空领域（宇宙飞船、人造卫星等），由于过高的成本，其发展受到限制。近年来由于一些关键技术的解决及光伏电池产业规模化，太阳能发电成本大大降低，从而促进了太阳能事业的发展。

（七）我国的太阳能发电

1. 我国太阳能发电的状况

我国的太阳能发电技术研究起步较晚，但近年来发展迅猛。国家发展改革委数据显示，2020 年，我国太阳能发电量 2 611 亿千瓦时，对国家的能源转型有着显著贡献。

目前我国荒漠面积约有 262 万平方千米，主要分布在光照资源丰富的西北地区。如果利用 1‰ 的荒漠地区安装并网光伏发电系统，按照目前并网光伏发电技术水平计算，其年发电量相当于 15 座三峡电站每年发出的电能。我国建筑占地面积总计约 2 亿平方米，假如 1％的屋顶用光伏组件覆盖，每年就可以提供 2.6 亿千瓦时的电能。

2. 我国太阳能发电的规划

根据我国的规划，在 2030 年之前，太阳能装机容量的复合增长率将高达 25％以上，到 2050 年将达到 600GW（百万千瓦），其中光伏发电装机将占到 5％。我国将有望成为世界上最大的光伏发电基地。

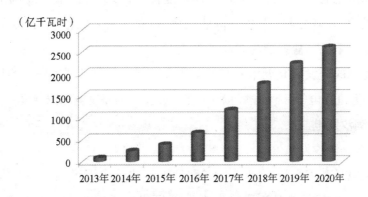

我国 2013—2020 年光伏发电量示意图

数据来源：国家统计局。

3. 我国的"太阳能"送电到乡工程

我国幅员辽阔，人口众多，自然条件差异很大，2001 年底时在西藏、四川、青海、新疆等西部省区，还存在一千多个偏僻乡村约 3 000 万人口没有用上电。这些无电乡村分布在西部欠发达地区和偏远山区，交通不便，远离电网，通过延伸电网供电很不经济。

2002 年在党中央和国务院的亲切关怀下，国家有关部门启动"送电到乡"工程，在西部七省区的近 800 个无电乡所在地安装光伏电站。到 2003 年底，我国已经告别了无电乡村的历史。这是迄今为止，世界上规模最大的农村无电地区的太阳能光伏发电工程。

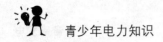
六、海洋能发电

当今世界，科学技术日新月异，能源消耗与日俱增。因此，新能源的进一步开发和利用已成为世界范围的重大研究课题。

在水能资源中，除河川湖泊水能资源外，海洋中还蕴藏着巨大的潮汐、波浪、盐差和温差能。据估计，全球海洋水能资源为760亿千瓦，是陆地河川水能理论蕴藏量的15倍之多，其中，潮汐能为30亿千瓦，波浪能为30亿千瓦，温差能为400亿千瓦，盐差能为300亿千瓦。

海洋能源的开发研究近年来取得了较大进展。主要有利用海水的显能，如波浪、潮汐和海流发电等；利用海水的潜能，如海水温差发电和浓（度）差发电等。

（一）潮汐发电

1. 什么是潮汐发电？

潮汐发电是利用海湾、河口等有利地形，建筑水堤形成水库，以便于大量蓄积海水，并在坝中或坝旁建造水力发电厂房，通过水轮发电机组进行发电。这种能量是永恒的、无污染的能量。

在涨潮时，海水涌入水位较低的水库，流动的水能推动水轮机带动发电机转动，将动能转化成电能。

涨潮的海水发电后储存在水库内，以势能的形式保存。然后，在落潮时放出海水，利用高、低潮位之间的落差，推动水轮机旋转，带动发电机发电。

潮汐发电示意图1　　　　　　　　　潮汐发电示意图2

2. 潮汐发电的原理

大海每天有两次涨落现象，早上的称为潮，晚上的称为汐。潮汐作为一种自然现象主要是由月球、太阳的引潮力以及地球自转造成的。当月球、地球、太阳运转到一条直线上时，日、月的引潮力作用最大，海水升降也最大，称为大潮。

涨潮时，大量海水汹涌而来，具有很大的动能（可以利用动能推动水轮机转动带动发电机发电）。同时，水位逐渐升高，动能转化为势能。在落潮时，海水奔腾而归，水位陆续下降，势能又转化为动能（推动水轮机转动带动发电机发电）。从原理上讲，潮汐能是一种利用潮位涨落产生机械能，然后通过发电机转化为电能。

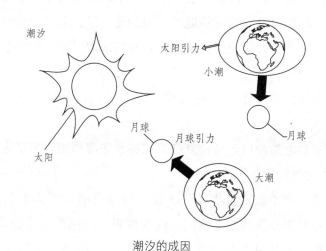

潮汐的成因

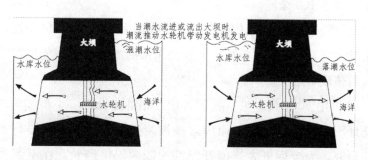

潮汐发电示意图

潮汐发电之最

1912 年世界上第一座潮汐电站于德国建成。

❦ 1967 年世界上第一座大型潮汐电站在法国正式投入商业运行。

❦ 我国目前最大的潮汐电站是浙江江厦潮汐双向发电站。

3. 潮汐能发电的特点

（1）优点。

潮汐能是一种清洁、不污染环境、不影响生态平衡的可再生能源。

潮汐能是一种相对稳定的可靠能源，很少受气候、水文等自然因素的影响。

潮汐电站不需淹没大量农田构成水库，而且筑坝拦海可以综合利用。

（2）缺点。

不稳定：潮差和水头在一日内经常变化，有间歇性；潮汐存在半月变化，潮差可相差二倍。

潮汐电站建在港湾海口，结构复杂，需特殊防腐措施，投资大，造价较高。

4. 潮汐能发电的现状

全球潮汐能的理论蕴藏量为 3 亿千瓦，可以用的主要集中在浅海海域。人类经过 200 多年对潮汐能的发电研究，现在世界上的潮汐发电技术已十分成熟，完全具备大规模商业化开发潮汐能资源的能力。目前全球运行、在建、设计及研究的潮汐电站达 100 余座。

我国的海岸线很漫长，潮汐能的理论蕴藏量大约为 1.10 亿千瓦，其中可以开发的利用量大概有 2 100 万千瓦。尤其是东南沿海地区潮汐能资源丰富，其中闽、浙地区的蕴藏量最大。

据悉，20 世纪 50 年代以来，我国各地已相继建设许多小型潮汐电站，但大部分由于选址不当、设备简陋等原因逐渐被废弃。为了深入开展有关潮汐发电多项课题的研究，为今后更大规模开发潮汐能源提供经验，江厦潮汐试验电站的兴建被提上议程。电站 1972 年经国家计委批准获建，1980 年投入运行，1985 年基本建成。现在电站共安装 6 台双向灯泡贯流式潮汐发电机组，装机容量 4 100 千瓦。

江厦潮汐电站在世界上仅次于韩国始华湖潮汐电站、法国朗斯潮汐电站和加拿大安纳波利斯潮汐电站而位列第四。作为我国第一座潮汐能双向发电站，江厦潮汐发电站从 1980 年 5 月投入运行到 2020 年底，年发电量约 730 万千瓦时，已累计完成发电量 2.35 亿千瓦时。电站的稳定运行，积累了双向潮汐发电机组研发、设计、制造、安装和运行经验，特别是 2015 年完成增扩容改造的 1 号机组，安装了国际上首次研发的三叶片六工况双向高效运行的潮汐发电机组转轮，填补了国内潮汐电站在设计优化及多工况运行方式等方面的技术空白，为我国大规模商业开发潮汐能积累了工程经验和技术储备。

现在我国潮汐电站的发展还仅位于初级阶段，潮汐能开发量远远没有达到中国潮汐能实际可开发利用量。但经过数十年理论研究和建设实践总结，我国的潮汐电站无论是开发利用程度、建设规模还是单机容量均有了显著提高。目前，我国仍在运行的潮汐电站有 3 座，分别是浙江温岭江厦潮汐电站、浙江海山潮汐电站和山东白沙口潮汐电站。相信随着社会和科技的不断发展进步，潮汐发电技术的大规模商业化应用也会在不久的将来变成现实！

（二）海洋波力发电

1. 什么是波力发电？

波力发电是一种开发海洋能源技术，将海洋波力能转换为电能的发电新技术。波力发电是海洋能源开发的重要内容，发展前景广阔。

自从第一个波力发电装置问世以来，世界各地出现了多种多样的波力发电装置。它们中有的利用波浪的上下垂直运动发电，有的利用波浪的横向运动发电，还有的利用由波浪产生的水中压力变化来发电。现在技术较为成熟并可开发利用的主要是利用海洋波浪能的上下运动所具有的动能来发电。

2. 什么是波力能？

"波力能"俗称"波浪能"，是指海洋表面波浪所具有的动能和势能，是海洋能的一种。

波浪的能量与波高的平方、波浪的运动周期以及迎浪面的宽度成正比，同时波力能的大小与风速的 6 次方成正比。波力能是海洋中蕴藏最为丰富的能源之一，也是海洋能利用研究中在近几年研究得较多的海洋能源之一。

海洋波浪

3. 波力发电的原理

波力发电主要利用海面波浪的上下运动以及利用波浪装置随波摆动或转动，产生空气流或水流使涡轮机转动，带动发电机将动能转化为电能。

当波浪上升时便将空气室中的空气顶上去，形成压缩空气，压缩空气驱动气力涡轮机，再带动发电机发电。当波浪落下时，空气室内形成负压，使大气中的空气被吸入气缸，驱动气力涡轮机，带动发电机发电。

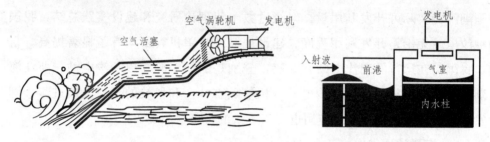

海洋波力发电示意图

4. 波力发电的应用

波力发电作为波浪能利用的主要方式，其研究始于 100 多年前。1955 年第一台波力发电机组诞生。波力发电可以为边远海岛和海上的航标灯、灯塔等设施供电。

目前，世界上已有数百台波力发电装置在运转。虽然发电能力都比较弱，但波浪能是永续能源，波力发电具有不消耗任何燃料、对环境没有任何污染的特点。波力发电开发利用已日趋成熟，正在进入或接近商业化发展阶段，将向大规模和独立稳定发电方向发展。

知识小链接

波力发电之最

⚡ 1964 年，日本制成世界第一盏用海浪发电的航标灯。

⚡ 1980 年，中科院广州能源研究所开发成功航标灯用波浪发电装置。

⚡ 1986 年，英国建成了 1 万千瓦的波力发电装置。

⚡ 1990 年 12 月，中国第一座海浪发电站发电试验成功。

⚡ 1995 年，日本波力发电系统的实用化试验在世界首次成功，随即着手建造 20 千瓦的波力发电站。

⚡ 2005 年初，由广东能源研究所建设的广东省汕尾市遮浪半岛的 100 千瓦岸式振荡水柱波力电站波浪能独立稳定发电系统第一次实海况试验获得成功。这是世界首座带有波浪能独立稳定发电系统的波力电站。这表明，波浪能独立稳定发电这一世界上至今未解决的难题已经取得了突破性的进展，人类第一次实现了将波浪能转换为稳定的电能的技术。

5. 我国波力发电状况

中国是世界上波能研究开发主要国家之一。经过近 30 年的积淀，我国利用波浪能发电的研究取得了较快的发展和较大的进步，其中微型波力发电技术已经成熟，并已实现商品化，小型岸式波力发电技术已进入世界先进行列。鉴于我国能源长期发展战略和技术储备，加大和加快波力发电装置的开发研究工作具有重要的现实和战略意义。

（三）海水温差发电

1. 什么是海水温差发电？

海水温差发电是指利用海水表层（热源）和深层（冷源）之间的温度差发电。

2. 海水温差发电的原理

在热带及亚热带的海洋上，海面温度通常在 25 摄氏度以上，而深海温度却在 4 摄氏度左右。与水的沸点

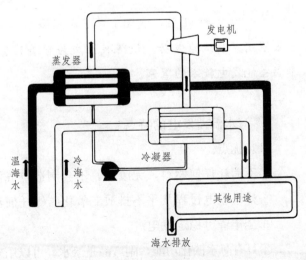

利用海水温差发电原理示意图

100 摄氏度相比，氨水的沸点是 33 摄氏度，非常容易沸腾。

海洋温差发电是借助海水表面的热量，利用蒸发器使氨水沸腾，氨液汽化，增加气压，高压氨蒸汽带动涡轮机，将动能传送给发电机转换为电能。做功后氨蒸汽被抽上来的深层海水冷却，重新变成液体，再输回到蒸发器重新利用。在这一往返过程中，可以将海水的温差变成电力。

海水温差发电站之最

1881 年 9 月，巴黎生物物理学家德·阿松瓦尔提出了利用海洋温差发电的设想。

1926 年 11 月，法国科学院建立了一个实验温差发电站，证实了阿松瓦尔的设想。

1930 年，克洛德在古巴附近的海中建造了一座海水温差发电站。

1961 年，法国在西非海岸建成两座 3 500 千瓦的海水温差发电站。

1979 年，美国和瑞典在夏威夷群岛上共同建成装机容量为 1 000 千瓦的海水温差发电站。

2012 年 11 月，我国突破了利用海水温差发电的技术，15 千瓦温差能发电装置研究及试验成功，使得我国成为继美国、日本之后，第三个独立掌握海水温差能发电技术的国家。

3. 海水温差发电的特点

（1）优点。

①不消耗任何燃料，无废料，不会制造空气污染、水污染、噪音污染。

②整个发电过程几乎不排放二氧化碳等任何温室气体。

③全年皆可稳定发电。

④具有海水淡化功能，副产品是淡水，可以用来解决工业用水和饮用水的需要。

⑤电站抽取的深层冷海水中含有丰富的营养盐类，发电站周围会成为浮游

生物和鱼类群集的场所，可以增加近海捕鱼量。

（2）缺点。

①技术还不成熟，开发技术费用高昂。

②建设启动资金庞大，发电成本高。

③深海冷水管路施工风险高，效益低。

4. 我国利用海洋温差能源的现状

与发达国家相比，我国在海洋温差发电的开发上还停留在实验室原理性验证阶段，还未建立试验电站。我国海洋温差能源等新能源的开发前景还不容乐观。

（四）海水浓差能发电

1. 什么是"海水浓差能"？

在河海交界处，海水与河水之间的盐浓度不同，浓差能就是海水和淡水或者盐分浓度不同的海水相互混合时所释放出来的自由能。

2. 什么是"海水浓差能发电"？

"海水浓差能发电"就是用设备装置把海水浓差能量利用起来，并将其转换为有效电能。

据有关专家估计，世界各河流区域的海水浓差能量约有 300 亿千瓦，可供利用的大约有 26 亿千瓦，其中我国可以开发的估计有 1 亿千瓦。

3. 利用海水浓差能发电的情况

目前，日本、美国、瑞典等国都在积极探索，已经提出多种浓差能发电方案，主要可分为渗透压法、渗析电池法和蒸汽压法发电方式。下面我们主要介绍一下渗透压法利用海水浓度发电。

（1）渗透压法利用海水浓度发电。

实验证明，标准海水对淡水的渗透压是 24.8 个大气压。渗透压法发电就是利用咸淡水之间的这个渗透压使水轮机旋转而发电。

（2）渗透压法能量转换的原理。

在海河交界处，由于海水、淡水的盐度差很大，如果采用一种特殊的半透膜（具有透水性，但溶存物质难以透过），将海水和淡水隔开，通过这个膜会产生一个压力梯度，迫使淡水通过半透膜向海水一侧渗透，使海水稀释，当两侧

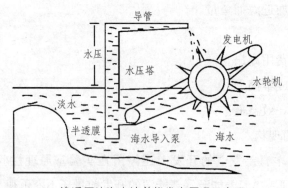

渗透压法海水浓差能发电原理示意图

水的盐度相等时海水侧的高度将超过淡水侧，而该高度的水压即为渗透压。浓差发电就是利用这种渗透现象，提高水位，使其发电。

4. 海水浓差能发电的研究现状及发展前景

自 20 世纪 60 年代，特别是 70 年代中期以来，世界上许多发达工业国家，如美国、日本、英国、法国、俄罗斯、加拿大、挪威等国对海洋能利用非常重视，投入了相当多的财力和人力进行研究。

在海洋能源的开发研究中，浓差能发电最理想的地方是河流入海口。我国河流入海口众多，潜在能量巨大，我国科技人员正在积极地进行海水浓差能发电这方面的研究试验。

虽然从全球情况来看浓差能发电的研究还处于不成熟的、规模较小的实验室研究阶段，但随着对能源越来越迫切的需求和各国政府及科研力量的重视，浓差能发电的研究将越来越深入，浓差能及其他海洋能的开发利用必将出现一个崭新的局面。

（五）潮流能发电

1. 什么是潮流？

潮流也叫海流（又称洋流），是海洋中的海水因热辐射、蒸发、降水、冷缩等因素而形成的密度不同的水团，再加上风力、地转偏向力、引潮力等作用而大规模相对稳定地流动。

2. 什么是潮流能？

潮水在水平运动时所含有的动能叫作潮流能。

3. 什么是潮流能发电？

在浅海、海峡、海湾或河口一带，涨潮或退潮会引起较强的潮流，水流速度较高，可直接利用潮流前进所蕴藏的动能来推动水轮机发电，这称为"潮流能发电"。

4. 潮流能发电的特点

（1）无污染、洁净的新能源发电。

（2）潮流发电机一般直接固定在海底，可避免台风的破坏，也可

潮流能发电

采用漂浮式结构，利用潮流前进的动能来推动水轮机发电，不用建堤坝与相关设施，投资少，不影响生态环境。

（3）涡轮的面积比起潮流的截面是很微小的，所以对整个潮汐能的利用率非常低，要求潮汐形成足够的水流速度来保证发电量。

5. 我国潮流能发电的现状

我国拥有丰富的海洋能资源，其中潮流能资源非常密集，我国近海潮流能资源区域属于世界上功率密度最大的地区之一。

2016年我国自行研制的世界装机功率最大、总装机容量达3.4兆瓦的LHD模块化大型海洋潮流能发电机组在浙江舟山岱山县秀山岛南部海域建成，这是我国自主研发生产的装机功率最大的潮流能发电机组，运行稳定后年发电量可达600万千瓦时。这标志着我国的海流能发电技术在世界范围内率先实现了兆瓦级大功率发电、稳定发电、发电并网三大跨越，我国的海流能发电技术已跻身世界前列。

开发和生产新一代高效可靠的潮流发电机，对于我国实施可再生能源发展战略将起到巨大的推动作用。

七、地热能发电

（一）什么是地热？

地热是来自地球内部的一种能量资源。据推算，离地球表面5 000米深的岩石和熔岩的总含热量约相当于4 948万亿吨标准煤的热量。地热起于地球的熔融

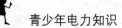

岩浆和放射性物质的衰变，这种巨大的热量被地下水携带后渗出地表，于是就有了地热。

（二）什么是地热能？

地热所蕴含的能量叫作地热能。地热能不仅是无污染的清洁能源，而且如果热量提取速度不超过补充速度，它还是可再生能源，开发前景十分广阔。

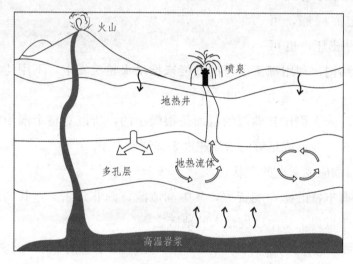

地热形成原理示意图

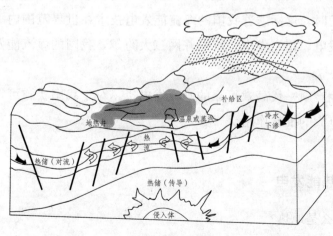

地热

（三）什么是地热能发电？

地热能发电就是把地下的热能转变为机械能，然后再将机械能转变为电能的能量转变过程。

（四）地热能发电原理

地热能发电的基本原理与火力发电类似，是把地下的热能转变为机械能，然后再将机械能转变为电能的能量转变过程。地热发电是利用地下热水和蒸汽作为动力源的一种新型发电技术。利用地下热能，主要是利用地下的"载热体"——天然蒸汽和热水。按照载热体特性的不同，可把地热发电的方式划分为蒸汽型地热发电和热水型地热发电两大类。

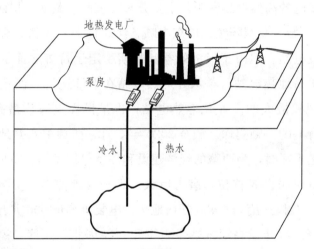

利用地热能发电

1. 蒸汽型地热发电

蒸汽型地热发电是把蒸汽田中的干蒸汽直接引入汽轮发电机组发电。这种发电方式最为简单，但干蒸汽地热资源十分有限，且多存于较深的地层，开采技术难度大。

2. 热水型地热发电

热水型地热发电是地热发电的主要方式。

当高压热水从热水井中抽至地面，由于压力降低部分热水会沸腾并"闪蒸"成蒸汽，蒸汽送至汽轮机做功；或者流经热交换器，将地热能传给另一种低沸

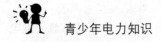
点的工作流体，使流体沸腾而产生蒸汽。蒸汽进入汽轮机做功，之后蒸汽经过凝气处理变成水回注入地层。

（五）地热发电情况

从意大利于 1904 年在拉德雷罗首次把天然的地热蒸汽用于发电，地热发电至今已有百年的历史了。新西兰、菲律宾、美国、日本等国都先后投入地热发电的大潮中，其中，美国地热发电的装机容量居世界首位。20 世纪 70 年代初，我国各地涌现出大量的地热电站。

（六）我国利用地热能发电情况

我国地热资源多为低温地热，主要分布在西藏、四川、华北、松辽和苏北等地，有利于发电的高温地热资源，主要分布在滇西、藏南、川西和台湾。

从 1970 年开始，我国陆续在广东丰顺、河北怀来、江西宜春、西藏等地区建设了一些热发电站。但由于经济效益和长期稳定运行等方面的问题，现在仅有位于西藏的羊易地热电站、羊八井地热电站在继续运行。西藏羊八井地热电站是目前我国规模最大的商业化地热电站，也是世界上海拔最高的地热电站，被誉为世界屋脊上的一颗明珠。截至 2020 年 5 月，西藏羊八井地热电站累计发电量达 34.25 亿千瓦时，为西藏的经济建设和环境保护做出了重要贡献。

我国地热资源居世界首位，潜力巨大。根据《地热能开发利用"十三五"规划》要求，在"十三五"时期，新增地热发电装机容量 500 兆瓦。在西藏、川西等高温地热资源区建设高温地热发电工程；在华北、江苏、福建、广东等地区建设若干中低温地热发电工程。地热能源在我国未来能源结构调整中将发挥重要作用。大力开发利用地热新能源，对于优化我国能源结构具有重要的现实意义。

八、生物质能发电

（一）什么是生物质？

生物质是指利用大气、水、土地等通过光合作用而产生的各种有机体，即一切有生命的可以生长的有机物质通称为生物质。

（二）什么是生物质能？

生物质能就是太阳能以化学能形式贮存在生物质中的能量，即以生物质为载体的能量。它直接或间接地来源于绿色植物的光合作用，可转化为常规的固态、液态及气态燃料，取之不尽、用之不竭，是一种可再生能源，同时也是唯一一种可再生的碳源。地球每年经光合作用产生的物质有1 730亿吨，其中蕴含的能量相当于全世界能源消耗总量的10—20倍，但目前的利用率不到3%。

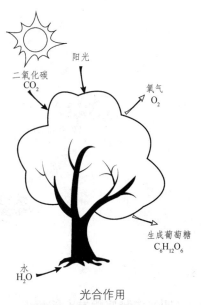

光合作用

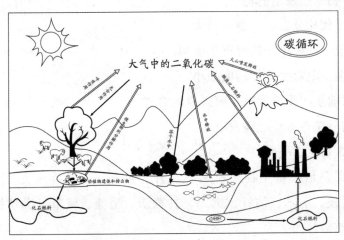

碳循环

（三）什么是生物质能发电？

生物质能发电是利用生物质（主要包括农业、林业和工业废弃物，甚至城市垃圾等）所具有的生物质能进行发电，是可再生能源发电的一种。它直接或间接地来源于绿色植物的光合作用，是取之不尽、用之不竭的能源资源，是太阳能的一种表现形式。

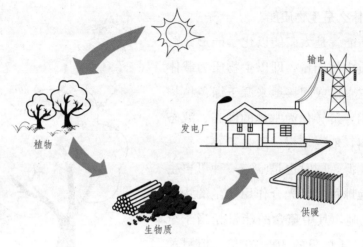

生物质能发电

（四）生物质能发电的特点

地球上生物质分布广，蕴藏量大。

生物质能是一种干净的可再生能源。

生物质能发电对大气的污染很小。

（五）目前生物质能发电主要采取的方式

1. 生物质燃料直接燃烧发电

（1）什么是生物质燃料？

生物质燃料是指将生物质材料燃烧作为燃料，一般主要是指农林废弃物（如木头、树枝、灌木、秸秆、锯末、甘蔗渣、稻糠、城市可燃垃圾等），主要区别于化石燃料。

（2）直接燃烧发电。

直接燃烧发电是将生物质燃料在锅炉中直接燃烧，生产蒸汽带动蒸汽轮机及发电机发电。

（3）生物质直接燃烧发电的特点。

①生物质燃料纯度高、发热量大，不含硫、磷，燃烧时不产生二氧化硫和五氧化二磷，因而不会导致酸雨的产生。

②生物质燃料燃烧后灰烬是优质有机钾肥，可回收创利。

③生物质直接燃烧时会有大量的二氧化碳和浓烟排出。

（4）直接利用生物质能发电的状况。

利用生物质能直接发电起源于 20 世纪 70 年代。当时，丹麦开始积极开发清洁的可再生能源，大力推行秸秆等生物质燃料燃烧发电。

自 1990 年以来，生物质发电在欧美许多国家开始大发展，截至 2015 年底，全球生物质发电装机容量达到 1.06 亿千瓦，发电量约 4 640 亿千瓦时，可替代 1.5 万亿吨标准煤，比风电、光电、地热等可再生能源发电量的总和还多。

（5）我国直接利用生物质能发电的情况。

我国从 1987 年起开始生物质能发电技术的研究。1998 年，谷壳气化发电示范工程建成并投入运行。1999 年，木屑气化发电示范工程建成并投入运行。2000 年，秸秆气化发电示范工程建成并投入运行，为我国更好地利用生物质能奠定了良好基础。为推动生物质能发电技术的发展，2003 年以来，国家先后批准了河北晋州、山东单县、江苏如东和湖南岳阳等多个秸秆发电示范项目。

我国的生物质资源丰富，据统计，仅农作物秸秆、薪柴等产生量就相当于 6 亿吨标准煤当量，是仅次于煤的第二大能源。近年来，我国生物质发电装机容量和发电量稳步增长。据统计，截至 2020 年底，生物质能发电累计装机容量 2 952 万千瓦，发电量 1 326 亿千瓦时，同比增长 19.4%。

2. 沼气发电

（1）什么是沼气？

沼气是有机物质在厌氧条件下，经过微生物发酵作用而生成的一种混合气体。沼气由 50%—80% 甲烷（CH_4）、20%—40% 二氧化碳（CO_2）、0%—5% 氮气（N_2）、小于 1% 的氢气（H_2）、小于 0.4% 的氧气（O_2）与平均含量为 0.03% 的硫化氢（H_2S）等气体组成。沼气是可燃性气体，可以作为燃料使用，还是可再生能源。

（2）什么是沼气发电？

沼气发电，是利用沼气燃烧产生的热能直接或间接地转化为机械能并带动发电机，间接地进行发电。

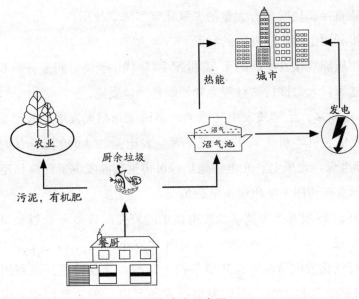

沼气发电示意图

（3）沼气发电的特点。

①有助于减少温室气体的排放。

②有利于变废为宝。

③可减少对周围环境的污染。

④为农村地区能源利用开辟了新途径。

（4）沼气发电的前景。

沼气发电技术已经在美国、德国、法国、奥地利等发达国家和地区广泛应用，占据这些国家能源使用的很大比重。

我国沼气发电研发有 30 多年的历史，目前，国内沼气发电机组技术上的突破和新颖结构，已在我国部分农村、有机废水、垃圾填埋场的沼气工程上配套使用。

沼气发电工程运行本身不仅解决了一些环境问题，而且，由于其产生大量电能和热能，还是一种清洁能源，沼气综合利用具有广阔的应用前景。

借鉴发达国家的沼气发电经验，以及国家对可再生能源的政策导向，我国的沼气发电产业在未来若干年后会有突飞猛进的发展。

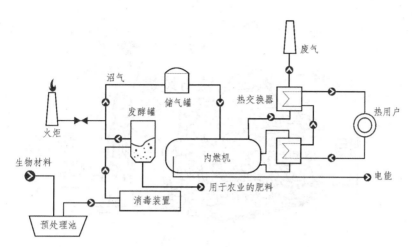

沼气发电工程示意图

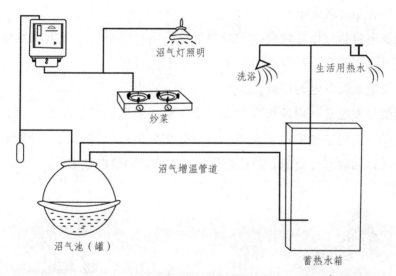

沼气综合利用示意图

3. 城镇垃圾发电

据统计，全国城市 2020 年产生生活垃圾 3.6 亿多吨。数量庞大的生活垃圾如果得不到有效处理，将对人类居住环境造成严重影响。只有积极采取减量化、资源化、无害化等措施，并且科学合理地对生活垃圾加以处理和利用，改善人居环境，才能提高新型城镇化质量和生态文明建设水平。

城市垃圾

（1）什么是垃圾发电？

垃圾发电包括垃圾焚烧发电和垃圾气化发电，它不仅可以解决垃圾处理的问题，还可以回收利用垃圾中的能量，节约资源。

（2）垃圾焚烧发电的特点。

垃圾焚烧发电是利用垃圾在焚烧锅炉中燃烧放出的热量将水加热获得过热蒸汽，推动汽轮机带动发电机发电。垃圾焚烧发电可以将垃圾处理彻底，过程洁净，并可以回收部分资源，被认为是最具有前景的发电技术。

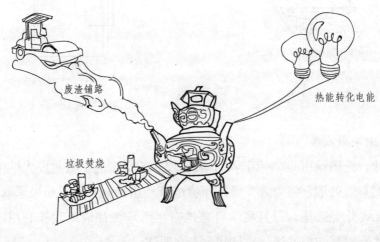

垃圾焚烧发电

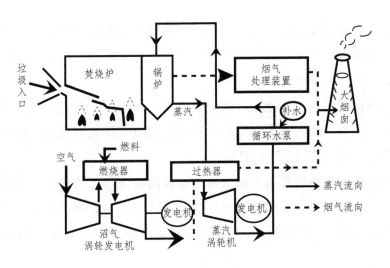

垃圾焚烧发电示意图

（3）我国垃圾发电的发展前景及方向。

我国垃圾气化发电技术尚处在研发阶段，90％以上的城市采取填埋的方式处理垃圾。垃圾气化发电不会造成二次污染，垃圾减容显著，且能源回收效果好。如果利用所有的垃圾进行发电，则是垃圾处理无害化、减量化和资源化的有效解决途径，届时，垃圾气化发电技术将会替代焚烧发电技术成为垃圾处理的主流技术。

垃圾发电

垃圾发电就是变废为宝，它不仅可以解决垃圾堆积成山的状况，同时还可以回收利用垃圾中的能量，节约不可再生资源，补充电能的不足。垃圾发电已成为垃圾处理的一个重要发展方向。

国内一些城市建设了一批垃圾焚烧发电厂，并取得了一定的经济效益和环境效益。目前我国一线大城市都建有大型生活垃圾焚烧发电设施，基本实现了城市原生生活垃圾"零填埋"的目标。

随着国家环保政策的实施和城市基础建设的加快，尤其是在城市化快速发展的中国，垃圾发电项目对净化城市环境、缓解城市的能源紧张具有很大的作用，垃圾焚烧发电在我国将会得到迅速发展，垃圾发电项目的发展前景是光明的。

各种发电方式优缺点比较

类别		优点	缺点
火力发电		技术成熟、成本较低、对地理环境要求低	污染大、耗能大、效率低
水力发电		绿色清洁，与航运、养殖、灌溉、防洪和旅游组成水资源综合利用体系	工程投资大、受自然条件影响较大
核能发电		不会造成空气污染、燃料密度高、易运输和储存	产生放射性废料、热污染较严重、投资成本大
风力发电		不需要燃料、清洁、可再生	发电成本高、不稳定、会影响鸟类迁徙和飞行
太阳能发电		普遍、无害、巨大、长久	分散、不稳定、效率低、成本高
潮汐能发电		清洁、可再生、不影响生态平衡	不稳定、投资大
海洋能发电	海水温差发电	无废料、无污染、可稳定发电	技术不成熟、成本高、效益低
	潮流能发电	无污染、投资少	利用率低
地热能发电	蒸汽型	发电方式简单	干蒸汽地热资源有限、开采难度大
生物质能发电		蕴藏大、可再生、污染小	生物资源分散、不易收集

能源的分类

能源的分类

依据	分类	类别	代表
能源产生	一次能源	直接取自自然界未经加工转换的能源	原煤、原油、天然气、油页岩、核能、太阳能、水力、风力、波浪能、潮汐能、地热、生物质能和海洋温差能等
	二次能源	由一次能源加工转换而成的能源产品	电力、蒸汽、煤气、汽油、柴油、重油、液化石油气、酒精、沼气、氢气和焦炭等
再生性	再生能源	可在自然界循环再生的能源	太阳能、水力、风力、生物质能、波浪能、潮汐能、海洋温差能等
	非再生能源	相当时间内不能再生的能源	原煤、原油、天然气、油页岩、核能等
使用类型	传统能源	已经大规模生产和广泛利用的能源。	煤炭、石油、天然气等
	新能源	在新技术基础上加以开发利用的能源	太阳能、生物质能、水能、风能、地热能、波浪能、洋流能和潮汐能等

可燃冰

"可燃冰"是水和天然气在高压、低温条件下混合而成的一种固态物质（化学式 $CH_4 \cdot nH_2O$），是有机化合物，它的外形与冰相似，故称"可燃冰"。

可燃冰在低温高压下呈稳定状态，溶化所释放的可燃气体相当于原来固体化合物体积的 100 倍。据测算，可燃冰的蕴藏量比地球上的煤、石油和天然气的总和还多，足够人类使用 1 000 年。可燃冰具有使用方便、燃烧值高、清洁无污染等特点，是公认的地球上尚未开发的最大新型能源。可燃冰实现开采会对未来国际能源、国家石油带来深远影响，使全球能源消费结构发生深刻变化。可

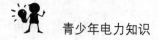

燃冰是未来值得关注的新能源。

2017 年 5 月，中国在南海海域成功试开采可燃冰，成为全球第一个实现在海域可燃冰试开采中获得连续稳定产气的国家。可燃冰的开发利用将明显保障我国能源安全。

我国的发电企业

☞ 中国华能集团公司

中国华能集团公司是 2002 年 12 月 29 日经国务院批准成立的国有重要骨干企业。

中国华能集团公司
CHINA HUANENG GROUP

☞ 中国大唐集团公司

中国大唐集团公司是 2002 年 12 月 29 日在原国家电力公司部分企事业单位基础上组建而成的特大型发电企业集团，是中央直接管理的国有独资公司，是国务院批准的国家授权投资的机构和国家控股公司试点。

中国大唐
CHINA DATANG

☞ 中国华电集团公司

中国华电集团公司是 2002 年底国家电力体制改革时组建的五家全国性国有独资发电企业集团之一。

☞　中国国电集团公司

中国国电集团公司是经国务院批准，于 2002 年 12 月 29 日在原国家电力公司部分单位的基础上组建的全国五大发电集团之一。

☞　中国电力投资集团

中国电力投资集团公司是 2002 年 12 月 29 日在原国家电力公司部分企事业单位基础上组建的全国五大发电集团之一。

☞　华润电力

华润电力控股有限公司（简称"华润电力"）成立于 2001 年 8 月，是华润（集团）有限公司（"华润集团"）的旗下香港上市公司。

☞　国华电力

中国神华能源股份有限公司国华电力分公司（简称"国华电力"）是中国神华能源股份有限公司神华能源所属的跨区域性电力公司。

☞ 国家电投

国家电力投资集团公司（简称"国家电投"）成立于2015年6月，由原中国电力投资集团公司与国家核电技术公司重组组建。

☞ 中广核

中国广核集团（简称"中广核"），原中国广东核电集团，是伴随我国改革开放和核电事业发展逐步成长壮大起来的中央企业。

中广核 CGN

九、小结

电能的来源非常丰富，发电方式也多种多样。本章主要给大家介绍了火力发电、水力发电、核能发电、风能发电、太阳能发电、海洋能发电、地热能发电、生物质能发电等发电方式。

当前我国在电力工业方面主要的发电方式为火力发电。近年来，我国经济飞速发展，对于电力能源的需求越来越大，而煤炭、石油等不可再生能源日益短缺的问题越来越严重，国家对于利用新能源进行发电的技术日益重视。

目前，我国大力发展清洁能源发电，加快分布式发电建设，在坚持节能减排、生态环境保护优先原则下，发展非煤能源发电与煤电清洁高效有序利用并举，不断优化多种能源发电结构。我国电力发展呈现出以火电、水电等传统能源发电为基础，以核电、风电、太阳能发电为代表的新型能源发电共同快速发展的态势，火电发电量占比不断下降。当今，我国新能源发电技术持续进步，日渐成熟，利用新能源进行发电所取得的成效显著，对于促进我国经济可持续发展意义重大。

当然，在利用新能源进行发电的过程中，还有许多问题亟待解决。希望青少年朋友们努力学习科学文化知识，积极投身祖国的电力事业，提高我国新能源发电效率和质量，以促进我国经济建设的更好发展。

第五章　电网综述

电网的建设与发电机实际应用同步进行，经历了从无到有、从小到大、从城市到农村、从区域性到全国性、从一国到多国乃至全球的过程。尤其是进入新世纪以来，智能电网的建设，通过先进的传感和测量技术、先进的设备、先进的控制方法以及先进的决策支持系统技术的应用，实现了电网可靠、安全、经济、高效、环境友好和使用安全的目标，电网进入了一个跨越式大发展的重要时期。

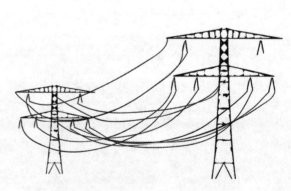

高压输电线路

什么是电网？电网的作用是什么？我国电网建设的情况怎样？……本章会为你解答以上问题。

一、什么是电网？

"电网"是通过网状的输电线路将各地众多的发电厂、送变电站以及广大用户联络起来，形成地区或全国性输电网络系统。电网的任务是输送与分配电能，它包含变电、输电、配电三个单元。

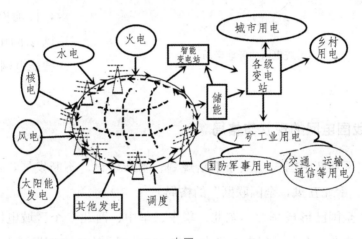

电网

二、电网的作用

发电厂生产的电能，通过输电、变电、配电、供电网络向广大用户供电。电网是一个复杂的系统，其产、供、销过程在一瞬间同时完成和平衡。

电网的主要作用就是保证发电与供电的安全可靠，维持地区间的电力供需平衡，保持规定的电能质量和获得最大的经济利益，进行统一电力的调度管理和安全运行。

随着电力工业的迅速发展，特别是各国相继建设了大容量火电、水电和核能电站，电网的容量越联越大。除了在本国形成统一电网外，相邻国家或地区也采取电网互联，组成国际电网。

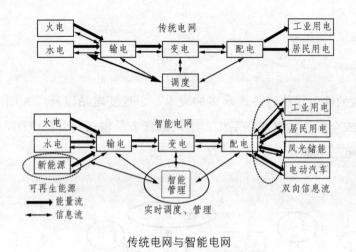

传统电网与智能电网

构建全球电力能源互联网符合世界电网发展的客观规律，符合人类的共同利益，是一项伟大的事业。世界各国一直都在加紧发展本国的电网建设，目前欧美一些发达国家的电网已经进入智能电网建设阶段。

三、我国电网的现状与格局

我国电网从新中国成立至今不断规划、不断建设、不断发展，初步形成了"西电东送，南北互供，全国联网"的格局。

目前，全国已形成华北、东北、华东、华中、西北 5 个区域电网和南方电网。其中，华北、东北、华东、华中 4 个区域电网和南方电网已经形成 500 千伏的主网架，西北电网在 330 千伏网架的基础上，建设 750 千伏的网架。

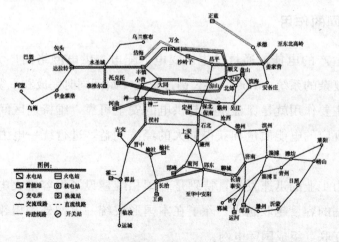

华北地区 500 千伏电网示意图

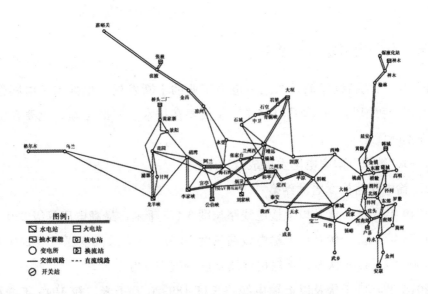

西北地区 750 千伏电网示意图

四、我国电网建设成就

新中国成立 70 多年来，我国电网建设取得了举世瞩目的巨大成就。国家电网已成为全球并网装机规模最大、电压等级最高、资源配置能力最强、安全水平最好的特大型电网，为我国 GDP 实现高速增长和人民生活水平持续改善做出了重要贡献。

党的十八大以来，我国电网的建设与发展速度惊人，取得了辉煌的成绩。截至 2020 年底，我国 35 千伏及以上输电线路长度、变电容量均位居世界第一；发电总装机、水电装机、风电装机、光伏发电装机容量均位居世界第一；在核电、超超临界火电、大型水电、特高压输电、柔性直流输电等领域实现了世界领先。全国 220 千伏及以上变电设备容量达到 452 810 万千伏安，同比增长 4.9%；全国 220 千伏及以上输电线路回路长度达到 79.4 万千米，同比增长 4.6%。我国共成功投运"十四交十六直"30 个特高压工程，跨省跨区输电能力达 1.4 亿千瓦。大电网持续安全稳定运行，供电可靠性大幅提升，优质服务水平持续提升。

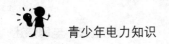

五、我国电网发展与前景

国民经济的持续发展，激励着电力工业的不断发展，也推动了电网建设的不断发展。我国电网的建设与发展不仅仅要在技术上不断更新，也要在资源配置方面不断优化。

(一)"数说"国家电网发展成就

1. 输电线路长度居世界第一

1949 年，35 千伏及以上输电线路长度 6 475 千米，最高电压等级 220 千伏。

1978 年，35 千伏及以上输电线路长度 23 万千米，最高变压等级 330 千伏。

2006 年，35 千伏及以上输电线路长度突破 100 万千米。

2018 年，35 千伏及以上输电线路长度 189.20 万千米，较 1949 年增长 291 倍，最高电压等级 1 100 千伏，位列世界第 1 位。

截止到 2020 年，特高压累计线路长度为 35 868 万千米，累计输送电量为 20 764.13 亿千瓦时。

2. 变电容量增长位居世界第一

1949 年，35 千伏及以上变电容量 346 万千伏安。

1978 年，35 千伏及以上变电容量达 12 555 万千伏安，约是新中国成立初期的 36 倍。

2001 年，35 千伏及以上变电容量突破 10 亿千伏安。

2018 年，35 千伏及以上变电容量 69.92 亿千伏安，较新中国成立初增长约 2020 倍，较改革开放之初增长约 55 倍。

到 2020 年底，全国电网 220 千伏及以上变电设备容量 45.3 亿千伏安，全国跨区输电能力达到 15 615 万千瓦。

3. 电网建设历程中的第一

1954 年，我国第一条自行设计施工的跨省长距离 220 千伏输电线路——松东李线建成。

1956 年，我国自行设计施工的第一座 220 千伏变电站——虎石台变电站建成投运。

1972 年，我国自主建设的第一条 330 千伏输电工程——刘家峡—天水—关中线投运。

1981 年，我国第一条 500 千伏超高压输电线路——河南平顶山至湖北武昌输变电工程竣工。

1989 年，我国第一条 ±500 千伏超高压直流输电工程——葛洲坝至上海直流输电工程，单极投入运行。

2005 年，我国第一个 750 千伏输变电示范工程正式投运。

2009 年，1 000 千伏晋东南—南阳—荆门特高压交流试验示范工程投入运行，是当时世界上运行电压最高、技术水平最先进、我国拥有自主知识产权的交流输变电工程。

2011 年，世界首个 ±660 千伏电压等级的直流输电工程——宁东—山东 ±660 千伏直流输电工程双极建成投运。

2011 年，世界上电压等级最高的智能变电站——国家电网 750 千伏陕西洛川变电站顺利建成投运。

2012 年，世界上输送容量最大、送电距离最远、电压等级最高的直流输电工程——苏南 ±800 千伏特高压直流工程投入运行。

2015 年，世界上电压等级最高、输送容量最大的真双极柔性直流输电工程——厦门 ±320 千伏柔性直流输电科技示范工程正式投运。

2016 年，准东—皖南 ±1 100 千伏特高压直流输电工程开工，刷新了世界电网技术的新高度，开启了特高压输电技术发展的新纪元，对于全球能源互联网的发展具有重大示范作用。

2017 年，榆横—潍坊 1 000 千伏特高压交流变电工程完成试运行并正式投运，是当时建设规模最大、输电距离最长的特高压交流工程。

2020 年，山东—河北环网、张北—雄安、蒙西—晋中、驻马店—南阳（配套）、乌东德—广东、广西（简称"昆柳龙直流工程"）、青海—河南等特高压线路建成投运。目前，我国共建成投运 30 条特高压线路，居世界第一。

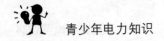

4. 全社会用电量

1952 年，全社会用电量为 78 亿千瓦时。

1978 年，全社会用电量达到 2 498 亿千瓦时，约是 1952 年的 32 倍。

1996 年，全社会用电量达到 10 570 亿千瓦时。

2018 年，全社会用电量增长到 69 002 亿千瓦时。

2020 年，我国全社会用电量 75 110 亿千瓦时，约是 1952 年的 963 倍。

5. 人均用电量

1949 年，中国人均用电量仅为 8 千瓦时，低于世界平均水平。

1978 年，中国人均用电量达 261 千瓦时，是 1949 年的 32.6 倍，但仍低于世界平均水平。

2010 年，中国人均用电量 3 140 千瓦时，超过世界平均水平。

2018 年，中国人均用电量达 4 945 千瓦时，大大超过世界平均水平，较新中国成立时增长约 617 倍。

2020 年，中国人均用电量达 5 365 千瓦时，较新中国成立时增长约 670 倍。

（二）建设特高压智能电网

1. 交流输电方面

我国现在已经建成了目前世界上输送能力最大，代表国际输变电技术最高水平的"晋东南—河南南阳—湖北荆门交流特高压输电试验示范工程"，将华北和华中两大网连接起来。

2. 直流输电方面

四川向家坝到上海的 ±800 千伏特高压直流示范工程，也代表了世界上最先进的直流输电技术，连接了华中和华东电网。

3. 加强电网建设，实现跨省、跨区电网平衡

电网建设中，输电线路的等级不断提高，电网的规模不断增大，区域联网不断扩大。区域电网之间的供用电需求各显区域特点，电网建设发展过程中要不断实现资源优化配置，增强电网的供配电能力，实现区域电网之间的平衡发展。

六、我国的电网企业

目前中国电网企业主要有：

（一）国家电网有限公司

国家电网有限公司（State Grid），简称"国家电网""国网"，成立于 2002 年 12 月 29 日。作为关系国家能源安全和国民经济命脉的国有重要骨干企业，以建设和运营电网为核心业务，承担着保障更安全、更经济、更清洁、可持续的电力供应的基本使命，经营区域覆盖全国 26 个省（自治区、直辖市），覆盖 88％的国土面积，供电人口超过 11 亿人，公司员工总量超过 186 万人。

国家电网

（二）中国南方电网有限责任公司

中国南方电网有限责任公司，简称"南方电网公司"（China Southern Power Grid Company Limited），于 2002 年 12 月 29 日正式挂牌成立运行。

南方电网公司经营范围为广东、广西、云南、贵州和海南五省（区），负责投资、建设和经营管理南方区域电网，经营相关的输配电业务，参与投资、建设和经营相关的跨区域输变电和联网工程；从事电力购销业务，负责电力交易与调度；从事国内外投融资业务；自主开展外贸流通经营、国际合作、对外工程承包和对外劳务合作等业务。

中国南方电网

（三）国家电网与南方电网的关系

国家电网和中国南方电网属于并行关系，互无隶属关系。国家电网与南方电网统一归国资委直管，只是配送电力的负责区域不同。

目前中国主要电力企业

中国主要电网企业	包含的电网
国家电网有限公司	东北电网、华北电网、华中电网、华东电网、西北电网
中国南方电网有限公司	广东电网、广西电网、云南电网、贵州电网、海南电网

七、小结

电网是高效快捷的能源输送通道和优化配置平台，是能源电力可持续发展的关键环节，在现代能源供应体系中发挥着重要的枢纽作用，关系国家能源安全。

近年来，伴随着中国电力发展步伐的不断加快，中国电网也得到迅速发展。电网系统运行电压等级不断提高，特别是特高压智能电网的建设成就突出，网络规模也不断扩大。2010年以来，国家电网规模增长近一倍，基本形成了完整的长距离输电电网网架，成为世界规模最大的电网，保障了我国经济社会发展对能源电力的需求。

目前电网建设已成为中国电力建设的主要方向，电网建设前景喜人。

第六章　输电

　　输电是发电到用电的中间环节，在电力系统中起着重要作用。随着电力工业的跨越式发展，传统输电技术很难满足现代电力系统所需要具备的"大电网、大机组、特高压、超大容量、高度自动化"的特点，因此发展输电新技术势在必行。

　　输电新技术的出现，从根本上扭转了"重发轻输"的观念，创新了输电模式，提高了输电质量和资源利用率，也将会大大提高电力工业的发展水平，促进电力工业产生重大变革。

　　本章主要介绍一些输电知识，以及特高压输电技术、柔性交流输电技术、紧凑输电技术和超导输电技术等高新输电技术在我国的发展与应用。

一、什么是输电？

　　电能的传输简称输电，它是电力系统整体功能的重要组成环节。发电厂与电力负荷中心通常位于不同地区。在水力、煤炭等一次能源资源条件适宜的地点建立发电厂，通过输电可以将电能输送到远离发电厂的负荷中心，使电能的开发和利用摆脱地域的限制。

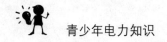

二、输电的分类

输电主要分为交流电输电和直流电输电，目前主要采用交流输电技术。

输电的分类

类别	优点	缺点
直流输电	线路造价低 年电能损失小 可不用整流滤波设备直接使用	无法通过变压器进行升压或降压，只能通过专门的电子电路进行升压或降压变换 发电设备较复杂
交流输电	电力远距离输送方便 可提高传输容量和传输距离 发电设备较简单	需经过整流滤波后才能使用。

三、输电压的划分

输电压的划分

输电距离	分类
低压配电电压	0.38 千伏及以下
中压配电电压	10 千伏
高压配电电压	35—110 千伏
高压输电电压	220 千伏
超高压输电电压	330 千伏
	500 千伏
	750 千伏
	800 千伏
特高压压配电电压	1000 千伏及以上

从发电站发出的电能，一般都要通过输电线路送到各个用电地方。根据输送电能距离的远近，采用不同的电压。

从我国现在的电力输送情况来看：

输电距离在 15—20 千米时采用 10 千伏，有的则用 6 600 伏。

输电距离在 50 千米左右时采用 35 千伏。

输电距离在 100 千米左右时采用 110 千伏。

输电距离在 200—300 千米时采用 220 千伏的电压输电。

在远距离送电时，使用 1 000 千伏及以上的电压等级输送电能。

交流输电与各额定电压等级相适应的输送功率及输送距离

线间电压（千伏）	输送功率（兆瓦）	输送距离（千米）
10	2	20
35	10	50
110	50	150
220	500	300
330	800	600
500	1500	850 以上

四、输电的作用

输电与变电、配电、用电一起，构成整个电力系统。通过输电可以将电能输送到远离发电厂的终端——用电户，还可以将不同地点的发电厂连接起来，实行峰谷调节。输电是电能利用的重要体现，在现代化社会中，它是重要的能源动脉。

五、输电的优点

与其他能源输送方式相比较，电力传输具有损耗小、效益高、灵活方便、易于调节控制、减少环境污染等优点。

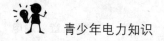

六、输电技术

（一）交流电高压输电技术

1. 为什么要用高压、超高压、特高压输电？

输电用的电线、电缆等线材都是有电阻的，所以在输电的过程中会有部分电能损耗。

怎么才能够降低损耗呢？那就是通过加大电压，减小能耗。因为在同输电功率的情况下，电压越高电流就越小，这样高压输电就能减小电流，从而降低因电流产生的热损耗，降低远距离输电的成本。所以，输电技术发展水平的主要标志是提高输电电压。

在电力传输领域，"高压"的概念是不断改变的，目前交流输电电压通常统一为：输电电压在 35 千伏及以下电压等级称"配电电压"；输电电压在 110 千伏—220 千伏电压等级称"高压"；输电电压在 330 千伏—750 千伏电压等级称"超高压"；输电电压 1 000 千伏及以上电压等级称"特高压"。500 千伏—1 000 千伏电压等级输送电能称为"超高压输电"。

当然，输电电压不是越高越好。电压越高，对输电线路绝缘性能的要求也就越高，线路的建设费用也就越大。输电电压越高，对变压器的要求也会相应提高。实际输电时将科学考虑各种因素，例如距离远近、输送功率大小、技术标准等，要视不同情况采用合适的输电电压。

我国常用电压等级

目前我国常用的电压等级：220 伏、380 伏、6.3 千伏、10 千伏、35 千伏、110 千伏、220 千伏、330 千伏、500 千伏，1000 千伏。

我国规定安全电压为 42 伏、36 伏、24 伏、12 伏、6 伏五种。

2. 特高压输电的意义

特高压输电技术代表了当今世界输电技术发展的方向。特高压输电技术具有输送容量大、距离远、网损小、节省线路走廊等特点，能够提高资源利用效率，节省宝贵的土地资源，具有显著的经济效益，符合我国国情和能源发展战略。

特高压输电能把中国电网连接起来，使建在不同地点的不同发电厂（比如火电厂和水电厂之间）能互相支援和补充，工程上叫"实现水火互济，取得联网效益"。

能促进西部煤炭资源、水力资源的集约化开发，降低发电成本。

能保证中东部地区不断增长的电力需求，减少在人口密集、经济发达地区建火电厂所带来的环境污染。

能促进西部资源密集、经济欠发达地区的经济和谐发展。

知识小链接

我国特高压输电之最

　中国有世界上第一条特高压电网线路：起于山西省长治变电站，经河南省南阳开关站，止于湖北省荆门变电站，连接华北、华中电网，全长 654 千米，已于 2008 年 12 月建成运营。

　目前，我国紧凑型输电线路的技术设计已跻身于世界先进水平行列。我国第一条 500 千伏紧凑型输电线路昌平—房山 500 千伏线路于 1999 年建成投产，其自然功率比常规线路提高了三分之一。

　西北 750 千伏输变电示范工程是国家电网公司重点工程之一，标志着我国交流输电工程跨入世界先进行列。

　准东—皖南（新疆昌吉—安徽宣城）±1 100 千伏特高压直流输电工程竣工，全长 3 324 千米，横跨半个中国，穿越六个省区。这是目前世界上电压等级最高、输送容量最大、输送距离最远、技术水平最先进的特高压输电工程，被誉为电力工程的巅峰之作，每 8 小时 20 分钟就能输送 1 亿千瓦时电能。

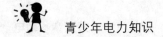

榆横—潍坊1 000千伏特高压交流输电工程，全长2×1 059千米，是迄今输电距离最长的特高压交流输变电工程。

3. 特高压输电技术

中国是世界上唯一掌握特高压输电技术的国家，中国标准，就是世界标准！特高压输电技术，在我国主要指±800千伏直流输电和1 000千伏交流输电技术。我国不仅拥有完全的自主知识产权，而且这项技术在世界上是唯一的。我国已经在全球率先建立了特高压技术标准体系，特高压交流电压成为国际标准电压。

中国特高压输电工程的建成，震惊了世界能源、电力输送以及电工制造等多个领域。

诺贝尔物理学奖获得者朱棣文认为："中国挑战美国创新领导地位并快速发展的一项重要领域，就是最高电压、最高输送容量、最低损耗的特高压交流、直流输电。"国际大电网委员会（CIGRE）秘书长让·科瓦尔认为，特高压交流试验示范工程的投运"是电力工业发展史上的一个重要里程碑"。这是目前国际权威人士给予中国特高压的最高评价。[①]

（二）直流电高压输电技术

1. 人类历史上最早的输电是以直流传输电能

1882年，法国物理学家和电气技师M.德普勒将直流发电机所发的电能，以1 500—2 000伏直流电压送到了57千米以外的慕尼黑国际博览会上，完成了第一次输电试验。20世纪初，试验性的直流输电的电压、功率和距离分别达到过125千伏、20兆瓦和225千米。

2. 直流输电的困境

最初长距离直流输电不能直接给直流电升压，需要制造高压大功率的直流发电机，并且，由于直流输电的换流站比交流系统的变电所复杂、造价高，存在运行管理要求高、可靠性差等问题，因此直流输电在近半个世纪的时间里没

---

① 《中国电网又一领域将超美，全球第一》，国家电网报，2015年9月24日。

有得到进一步发展。

3. 目前直流输电技术的进展

现在，发电机仍然产生交流电，用户也采用交流电，直流输电只在输电环节使用，须在输电一端用"整流"设备把交流电变换为直流电，在用户端用"逆变"设备再将直流电变换为交流电。

目前制造大功率的"整流"和"逆变"设备在技术上取得了很大进展，尤其是高压大容量的可控"整流器"的研制成功，为高压直流输电的发展创造了条件。同时，电力系统规模的扩大，使直流输电在稳定性问题上的局限性也表现得更明显，直流输电技术重新被人们所重视。

4. 我国的高压直流输电技术

近年来，我国从高压直流到超高压直流，再到特高压直流，直流输电技术发展不断突破，技术水平不断提升，实现了从引进、追赶，再到引领、输出的重大转变。

1989 年投运的葛洲坝至上海 500 千伏直流输电工程是我国首个超高压直流输电工程。

目前我国已建设了三峡至广州±500 千伏直流输电工程、宁夏至山东±660 千伏直流输电线路、四川至上海±800 千伏直流输电线路。

从 1984 年首个高压直流输电工程——浙江舟山±100 千伏海底直流输电工程开工建设至今，经过几代的技术积累、发展，如今我国直流输电工程的设计建设、运行管理和设备制造水平已处于国际领先地位，拥有国际标准主导权和较强竞争优势。特高压直流输电是我国为数不多、世界领先、具有自主知识产权的重大创新成果。

2010 年 7 月 8 日正式投运的向家坝至上海±800 千伏特高压直流输电工程，是中国自主研发、设计和建设的，是世界上电压等级最高、额定容量最大、送电距离最远、技术水平最先进的直流输电工程。这是我国能源领域取得的世界级创新成果，代表了当今世界高压直流输电技术的最高水平。

2016 年我国的直流输电工程再创奇迹：准东至皖南 1100 千伏特高压直流输电工程换流站已开工建设，它再次刷新世界上电压等级、输送容量、输送距

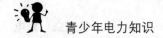

离的新高度，成为技术水平最先进的特高压直流输电工程。

5. 我国特高压直流输电领先世界水平

特高压直流输电正是满足我国超大容量、超远距离输电需求，实施西电东送战略的重大技术。截止到 2020 年底，我国成功投运"16 交 16 直"30 个特高压工程，跨省跨区输电能力达 1.4 亿千瓦，累计输电量超过 2.5 万亿千瓦时，另外还有"2 交 3 直"5 个特高压工程在建。

在特高压输电的带动下，我国直流输电技术已走出国门，走向世界。特高压输电和高铁、水电一样，已成为中国技术走向世界的亮丽名片。

特高压输电

与传统输电方式类似，特高压也分为特高压直流输电和特高压交流输电，两者具有不同的适用场合：

⚡ 特高压交流输电主要定位于近距离大容量输电和更高一级电压等级的网架建设，以提高系统的稳定性。

⚡ 特高压直流输电主要定位于送受关系明确的远距离大容量输电及部分大区、省网之间的互联，以提高输电线路建设的经济性。

(三) 紧凑输电技术

针对我国电网输电能力不足，以及在经济发达、人口稠密地区可供线路走廊用电日趋紧张的实际情况，发展既能缩小线路走廊又能提高传输能力的输电技术十分迫切，紧凑输电技术应运而生。

1. 什么是紧凑输电技术？

紧凑输电技术是通过优化输电线路导线布置，缩小相间距离、加大分裂导线距离、增加分裂导线数目，有效地控制导线表面场强，以提高导线有效截面，提高线路电容、降低电感、减小波阻抗，在相同电压等级下，大幅提高自然输送功率，以减少线路走廊宽度，提高单位走廊输电容量的新型输电技术。

2. 我国紧凑输电技术处于国际领先地位

目前，我国在紧凑输电技术领域，从线路技术设计、研发到工程建设投产使用具有完全的知识产权。

1999 年，我国第一条紧凑型输电线路——昌平—房山 500 千伏输电线路建成投产。多年以来，线路经受了风、雪、冰、雨、雾等多种气象条件的考验、大负荷试验的实际检验，运行正常，达到了国际先进水平。

2000 年我国第一条应用紧凑型输电线路——三峡输变电工程之一——政平—宜兴 500 千伏同塔双回紧凑型输电线路建成投运，标志着我国紧凑型输电技术又向前迈出了一大步。

在发展紧凑输电技术的过程中，我国解决了一系列关键技术难题：紧凑型线路的导线结构和杆塔形式、大截面线输电技术、耐热导线输电技术、带电作业技术等。事实证明，我国紧凑输电技术处于国际领先地位。

（四）柔性交流输电技术

随着电力能源供需矛盾的进一步加剧，电网的互联度和吞吐容量进一步增加，对电力系统潮流控制、稳定运行、容量扩充带来了不同程度的影响。解决这些问题的最佳方式是在现有输电设施不变的条件下，使输电线路和其他输电设备发挥最大效益，这就需要一种传输容量大、响应速度快、控制性能好的设备来代替传统控制设备。大功率电力电子技术和计算机控制技术的发展和使用，打开了柔性交流输电技术的大门。

1. 什么是柔性交流输电技术？

柔性交流输电技术是将电力电子技术、微处理技术、控制技术等高新技术集中应用于输电系统，以提高输电系统的可靠性、可控性、运行性能和电能质量，并获取大量节电效益的一种用于灵活快速控制交流输电的新型综合技术。

2. 柔性交流输电技术的特点

柔性交流输电技术为电网提供了前所未有的控制，能够高效利用电网资源和电能。柔性交流输电技术预示着电网控制的未来，是输电技术发展的重要里程碑。

（1）柔性交流输电技术开辟了提高交流输电运行整体控制能力的渠道，能

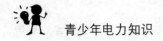

在较大范围内有效地控制其潮流，为高压和超高压交流输电革新指出了发展方向。

（2）柔性交流输电技术可以使线路的输送能力增大至接近导线的热极限，但不会出现过负荷。

（3）柔性交流输电技术有助于解决输电网在输电线运行中的环流、振荡和稳定性、可靠性、热备用容量等问题。

（4）柔性交流输电技术有效地促进和改善了输电网其他运行控制技术，并将改变交流输电的传统应用范围。

3. 柔性交流输电技术在我国的发展应用

经过近30年的发展，我国已完成了多项柔性交流输电示范工程：

1985年，华北电力大学研制出了我国第一台基于晶闸管的新型静止无功发生器的试验样机，拉开了我国发展柔性交流输电技术的序幕。

1999年，安装在长距离输电线中间或受端的静止无功补偿装置成功在220千伏变电站投入运行，标志着我国柔性交流输电技术发展进入了一个新的阶段。

2015年我国首个自主知识产权重大科技示范工程——江苏南京220千伏西环网"统一潮流控制器"工程正式投运，标志着我国柔性交流输电技术领域走在了世界前列。

（五）超导输电技术

1. 普通导体输电的弊端

目前我国在远距离、大容量电力输送时采用架空钢芯铝绞线或地下电缆。因为导体存在电阻，所以电流经过导线时有些能量会留下来，转变为热量。传统输电方式在输电过程中产生的损耗占整个发电容量的8.2％以上。

2. 超导现象的探究

（1）什么是"超导"？

"超导"，全称是"超导电性"，是20世纪最重要的科学发现之一，指的是某些材料在温度到达某一临界温度或超导转变温度以下时，电阻突然消失的现象。具备这种特性的材料称为超导体。

导体没有了电阻，电流流经时就不发生热损耗，电流可以毫无阻力地在导线中形成强大的电流，产生超强磁场。

知识小链接

超导现象趣话

昂内斯

⚡ 1911 年人类第一次观察到了超导现象。荷兰物理学家海克·卡末林·昂内斯（Heike Kamerlingh Onnes，1853—1926）教授在莱顿大学的实验室研究发现，当温度降低到－269 摄氏度左右时，汞的电阻消失了。后来，昂内斯发现其他金属也存在这种现象。1913 年，昂内斯教授因为这个发现被授予诺贝尔物理学奖。

⚡ 1957 年，美国科学家巴丁（John Bardeen，1908—1991）、库珀（Leon North Coope，1930—　）和施里弗（John Robert Schrieffer，1931—　）提出了 BCS 超导理论。1972 年，三人因此获得了诺贝尔物理学奖。

巴丁

库珀

施里弗

⚡ 1973 年，日本科学家江崎玲于奈（Reona Esaki，1925—　）和美国科学家贾埃弗（Ivar Giaever，1929—　）分别发现了半导体和超导体中的"隧道效应"，被授予诺贝尔物理学奖。

江崎玲于奈

贾埃弗

1987 年，德国科学家柏诺兹（J. Georg Bednorz，1950— ）与瑞士科学家缪勒（A. Müller，1927— ），因发现钡镧铜氧系统中的高临界温度超导电性，被授予诺贝尔物理学奖。

柏诺兹　　　　　　　　　　　　　　　缪勒

1992 年，在超导体和超流体领域中做出开创性贡献的俄美双国籍科学家阿列克赛·阿布里科索夫（Alexei A. Abrikosov，1928—2017）、俄罗斯科学家维塔利·金茨堡（Vitaly L. Ginzburg，1916—2009）和英美双国籍科学家安东尼·莱格特（Anthony J. Leggett，1938— ），被授予诺贝尔物理学奖。

阿布里科索夫　　　　　　　　金茨堡　　　　　　　　　　莱格特

（2）中国成为超导领域的强国。

中国科学家在超导领域奋起直追，逐渐成为该领域的强国，并创造了世界瞩目的铁基超导"奇迹"。

1987 年以赵忠贤为首的科研团队在钇钡铜氧（Ba-Y-Cu-O）中发现了临界温度为 93 开的超导转变，推动了世界范围的高温超导研究热潮。赵忠贤团队因此荣获 1989 年度国家自然科学奖集体一等奖。

2008 年 4 月 13 日，赵忠贤团队又做出了临界温度为 55 开的钐铁砷氧氟超导体，创造了大块铁基超导体的最高临界温度纪录并保持至今。研究成果被授予 2013 年度国家自然科学奖一等奖。

2017 年中国科学院物理研究所的赵忠贤院士因其在高温超导领域的突出贡献获得了国家最高科学技术奖。

中国超导领域相关研究的高水平成果不断涌现，标志着中国已经成为凝聚态物理领域的强国。现在，超导研究的热潮高涨，人类进入"超导时代"也许就在不远的未来。

（3）什么是超导输电？

为大幅度减少输电过程中的损耗，提高输送效率和能源利用率，超导输电技术为输电领域开辟了新道路。

超导输电是利用高密度载流能力的超导材料发展起来的新型输电技术，超导输电电缆主要由超导材料、绝缘材料和维持超导状态的低温容器构成，超导材料的载流能力大约是普通铜或铝的载流能力的 50—500 倍，且其传输损耗几乎为零。

（4）超导输电技术具有显著的优势。

所谓超导技术就是依托超导电缆，进行理论上无损耗的理想输电技术。超导输电技术具有传统输电方式不可比拟的优势：

①超导电缆是普通特高压输电效率的 10 倍，大幅度提高了传输容量。

②理论上，超导电缆在直流情况下完全没有电阻，超导输电能基本没有损耗，提高了输电效率。

③超导输电具有无电磁污染、低噪音等特性，有效克服了常规充油电缆漏油造成环境污染的缺点。

④与传统电缆相比，超导电缆尺寸小、重量轻、节约材料。

⑤超导输电技术的发展及趋势：

其一，超导材料是发展超导输电技术的物质基础和技术基础。

1987 年以来，超导输电技术的研究主要围绕高温超导材料展开。超导输电技术属于前沿战略性高技术，一旦取得重大突破，将同时对电力、能源、交通、

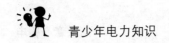

通信、医疗、科学研究等带来重大影响。

我国超导输电技术取得了巨大的进步，但由于其自身存在的缺点和不可回避的技术难题，超导输电技术更多的还是在科学论证、攻克难题、试验测试阶段。

其二，向地球的另一侧输电。

超导直流输电还能跨洋跨洲协调电力，并且在超远程输电的应用领域值得期待。例如，从自然能源生产效率高的国家输送到电力消费大的国家，或者是从夜间电力剩余的国家输送到地球另一面正苦于白天电力短缺的国家。超导输电能够为节能做出贡献，今后，全世界对超导输电的需求估计会越来越大。

七、输电线路

（一）输电线路分类

目前我国电力输送的输电线路分为架空输电线路和地下线路两种。架空线路输电是最主要的输电方式。地下线路多用于架空线路架设困难的地区，如城市或特殊跨越地段的输电。

架空输电线路与地下线路比较

输电线路类型	构成及分布	优点	缺点
架空输电线路	由线路杆塔、导线、绝缘子等构成架设在地面之上	架设及维修方便，成本较低	占用土地面积，造成电磁干扰
地下线路	使用电缆敷设在地下（或水域下）	提高城市土地的利用价值，不会造成视觉污染	造价高，检修维护不方便

（二）我国目前主要的三大输电线路

1. 全国电网三大输电通道线路

目前，全国电网已经形成了北、中、南三大输电通道线路：

（1）北通道。目前已经形成由山西、蒙西向京津唐和河北电网输电的 9 回 500 千伏线路。

（2）中通道。由两条±500 千伏直流线路，一条±800 千伏直流线路将三峡、川渝、华中主网的电力输送到华东地区。

（3）南通道。已形成"三交两直"五条送电通道，将云南、贵州、广西三省区的电力输送到广东。

2. 区域电网八条联网线路

全国各大区域电网之间联网线路已经逐渐形成了"四交四直"八条联网线路：

（1）连接华中、华东的两条±500千伏超高压直流线路，一条±800千伏特高压直流线路。

（2）连接东北、华北的一条双回超高压500千伏的交流线路。

（3）连接华北、华中电网的一条500千伏超高压交流线路和一条1 000千伏的特高压交流线路。

（4）连接华中与南方电网的一条±500千伏超高压直流线路。

八、我国电力传输成就

新中国成立后，特别是改革开放以来，我国的输电技术突飞猛进，取得了辉煌成就，超高压输电技术居世界领先地位。

（一）三大输电通道成功实现我国的"西电东送"

我国的电力能源主要分布在西部，而用电主要集中在中东部。解决电力能源分布不均衡的手段，主要采取用西部的煤炭、水力资源就地发电，再通过输电线路和电网把电送到中东部地区，简称"西电东送"。

（二）"电力高速公路"的构建

"西电东送"主要采用超高压和特高压输电。特高压输送容量大、送电距离长、线路损耗低、占用土地少。

100万伏交流特高压输电线路输送电能的能力（技术上叫"输送容量"）是50万伏超高压输电线路的5倍。所以有人这样比喻，超高压输电是省级公路，顶多就算是个国道，而特高压输电是"电力高速公路"。50万伏超高压输电线路的经济输送距离一般为600—800千米，而100万伏特高压输电线路因为电压提高了，线路损耗减少了，它的经济输送距离也就加大了，能达到1 000—1 500

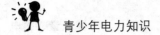

千米甚至更长，这样就能成功解决"西电东用"问题。

知识小链接

皖电东送

2013 年 9 月 25 日，世界首个商业化运行的同塔双回路特高压交流输电工程——"皖电东送"淮南至上海特高压交流工程正式投入运行，这是我国继晋东南—荆门特高压交流、向家坝—上海和锦屏—苏南特高压直流之后，投运的第四个特高压工程，从而国家电网的"两交两直"特高压输电格局正式形成，这也是世界特高压发展史上的又一重要里程碑。

九、小结

党的十八大以来，我国输电工程建设进一步加速，全国电力联网进一步加强，跨省跨区送电能力大幅提升。据中电联数据显示，到 2020 年底，全国跨区输电能力达到 15 615 万千瓦。在夏季用电高峰时期，每天约有 2 亿千瓦时的电能通过输电线路由三峡电厂输送至华东各省。尤其是特高压直流输电工程，是我国自主研发、自主设计和自主建设的，是世界上电压等级最高、输送容量最大、送电距离最远、技术水平最先进的直流输电工程，也是我国在能源领域取得的世界级创新成果，代表了当今世界高压直流输电技术的最高水平。

我国特高压输电技术已走出国门，领跑世界，特高压输电已成为中国技术走向世界的亮丽名片。站在新的起点上，回望过去、展望未来，我国电力事业必将走向更加广阔的绚丽明天。

我国著名科学家赵忠贤说："对未知世界的探索是人类的一种本性，它使人向往、激动和年轻。人活着又要吃饭，如果将个人的兴趣与生计结合起来，那将是最理想的选择。"赵忠贤院士的话朴素无华，但其中却闪烁着人生的大智慧。赵忠贤院士曾引用古诗中的两句话——"等闲白了少年头，轻舟已过万重山"来勉励大学生莫负春光，知难而进，奋勇攀登。[1]

---

[1] 赵忠贤院士——从超导体研究看创新，上海交通大学励志讲坛，https://www.sjtu.edu.cn。

第七章　变电

通过前面的知识介绍，我们知道为了远距离输送电能，常常把发电机产生电流的电压升高，特高压输电压高达 1 000 千伏。而我们日常的生产生活用电多为 380 伏和 220 伏的电压，一些家用小电器的电压大都在 36 伏的安全电压以下，甚至有几伏的超低电压。这就需要变电器设备转变电压，以满足电力传输和人们生产生活的需要。本章将给大家简要介绍变电的一些知识。

一、什么是变电？

变电是指电力系统中通过变电器将电压由低压转变为高压（升压）或由高压转变为低压（降压）的过程。

一般发电机的输出电压 10 千伏左右，需要在发电站内用升压变压器，升压到几百千伏后，通过高压输电线路向远距离送电；到达用电区后，先用"一次高压变压站"降到 110 千伏左右，在更接近用户的地点再由"二次变电站"降到 10 千伏左右。然后，一部分输送到工业用户，另一部分经过低压变电站降到 220 伏或 380 伏，输送给其他用户。

所以，电力系统就是通过变电把各不同电压等级部分连接起来形成一个整体。

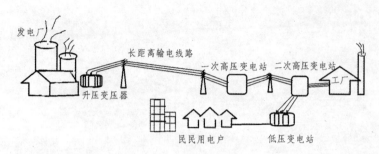

电力系统"变电"示意图

二、变电站

（一）什么是变电站？

变电站，改变电压的场所。为了把发电厂发出来的电能输送到较远的地方，必须把电压升高，变为高压电，以减少输电过程中的损耗。到用户附近再按需要把电压降低，这种升降电压的工作靠变电站来完成。

（二）变电站分类

变电站按规模大小不同，分为变电所和变电站。

1. 变电所

一般是电压等级在 110 千伏以下的降压变电场所。

2. 变电站

包括各种电压等级的"升压、降压"变电站。

变电站的分类

分类	内涵
一类变电站	交流特高压站，核电、大型能源基地（300 万千瓦及以上）外送及跨大区（华北、华中、华东、东北、西北）联络 750 千伏/500 千伏/330 千伏变电站
二类变电站	除一类变电站以外的其他，750 千伏/500 千伏/330 千伏变电站，电厂外送变电站（100 万千瓦及以上、300 万千瓦以下）及跨省联络 220 千伏变电站，主变压器或母线停运、开关拒动造成四级及以上电网事件的变电站
三类变电站	除二类以外的 220 千伏变电站，电厂外送变电站（30 万千瓦及以上、100 万千瓦以下），主变压器或母线停运、开关拒动造成五级电网事件的变电站，为一级及以上重要用户直接供电的变电站
四类变电站	除一、二、三类以外的 35 千伏及以上变电站

三、变压器

（一）什么是变压器？

变压器是一种能变换电压、变化电流、变化电阻的"静止"电气设备。变压器在传递电流的过程中频率不变。变压器是变电所和变电站的主要设备。

（二）变压器的工作原理

变压器是利用电磁感应的原理来改变交流电压的装置。

变压器有两个分别独立的共用一个铁芯的线圈，分别叫作变压器的初级线圈和次级线圈。

电流通过初级线圈时，在铁芯中激发磁场，由于电流的大小、方向在不断变化，铁芯中的磁场也在不断变化，变化的磁场在次级线圈中产生感应电动势，所以尽管两个

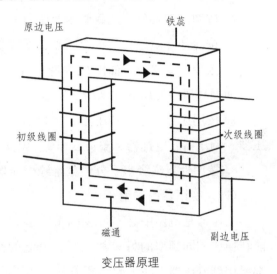

变压器原理

线圈之间没有导线相连，次级线圈也能够输出电流。初级线圈和次级线圈的电压之比，等于这两个线圈的匝数之比。当输入一定电压时，由于初级线圈和次级线圈环绕的匝数不同，次级线圈输出的电压也不一样。

知识小链接

互感现象

互感现象是指相邻两线圈之间没有导线相连，当一个线圈的电流变化时，它所产生的变化的磁场会在相邻的另一个线圈中产生感应电动势，这种现象叫作互感。

互感现象是一种常见的电磁感应现象，可以把能量由一个线圈传递到另一个线圈。它不仅发生于绕在同一铁芯上的两个线圈之间，而且也可以发生于任

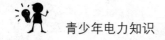
何两个相互靠近的电路之间。

（三）变压器的分类

1. 按作用分：升压变压器和降压变压器。

2. 按结构分：双绕阻变压器、三绕阻变压器和自耦变压器。

3. 按相数分：单相变压器、三相变压器。

4. 按调压方式分：无载调压变压器和有载调压变压器。

5. 按冷却介质分：油浸变压器、干式变压器和充气变压器。

6. 按冷却方式分：油浸自冷变压器、油浸风冷变压器、油浸水冷变压器、强迫油循环风冷变压器和水冷变压器。

7. 按用途分：电力变压器、试验用变压器、测量变压器（互感器）、矿用变压器、调压器、电抗器、整流变压器、电焊变压器、冲击变压器等。

8. 按中性点绝缘水平分：全绝缘变压器和半绝缘变压器。

（四）变压器的作用

变压器是电网中必不可少的重要装置，它可以把一种电压、电流的交流电能转换成相同频率的另一种电压、电流的交流电能。几乎在所有的电子产品中都要用到变压器。在不同的环境下，变压器的用途也不同，如：

1. 进行远距离传输时升高电压可以减少线路上的电能损耗。

2. 到达使用地区时降低电压可以满足不同用户的用电需求。

3. 进行阻抗匹配时使用变压器连接可起到改变阻抗的作用。

4. 使用隔离变压器可以将两相电隔离，防止触电事故的发生。

（五）特高压变压器引领技术新方向

特高压变压器代表了世界电力变压器技术的最高水平。近年来，我国变压器制造企业屡屡研制出世界"首台套""最大容量""最高电压等级"的产品，一次次刷新世界纪录，彰显了变压器制造领域的"中国创造"和"中国引领"。

2009 年 12 月中国研制的 ±800 千伏直流换流变压器，是迄今世界电压等级最高的直流变电产品。

2011 年中国研制成功世界首台最高电压和最大容量 150 万千伏安/1 000 千

伏单相特高压交流变压器。

2013 年中国研制成功世界最大容量特高压变压器（1 000 千伏）。

2014 年 1 月，中国自主研发、具有自主知识产权的世界首台容量最大柔性直流变压器研制成功。

2014 年 8 月，中国研制的世界首台 27 千伏/1 000 千伏电厂特高压变压器在平圩电厂三期工程成功安装，创造了新的世界纪录。

2016 年中国研制的 750 千伏级世界最大容量组装式发电机变压器一次试验成功。

2018 年中国创造了世界首台发送端±1 100 千伏换流变压器，标志着世界特高压输电技术的发展开启了新纪元！

2020 年特变电工研制的±800 千伏高端换流变压器产品荣获国家科学技术进步奖，各项技术指标均达到国际先进水平，也奠定了中国在特高压输变电领域的国际领先地位。

2021 年 8 月，中国特变电工衡阳变压器有限公司研制的首台 100 万千伏安/1 000 千伏变压器成功交付安装使用。

2021 年 12 月中国特变电工沈阳变压器集团有限公司研制的首台用于±800 千伏特高压直流输电工程的高端变压器交付使用，标志着中国在特高压领域跃居国际领先水平。

四、小结

变压是电力系统中的重要组成部分，变压器技术的革新是提高输电效率的支撑。随着我国社会经济的高速发展，国家电网升级、改造力度不断加大，拉动了输变电设备的市场需求。

投资巨额的电力建设资金给变压器行业带来了机遇和挑战，促进了变压器行业的快速发展。节能型、智能型变压器将成为行业发展趋势。节能、可靠、智能的变压器是我国建设新型电力网络的基石，是推动能源体系改革的重要保障。

第八章　电的应用

电的发现和利用可以说是人类历史的革命，使人类社会进入到一个崭新的时代。在现代社会，我们无时无刻不感受到电的广泛应用。

大家仔细观察周围一定会看到，我们的生活、工作、学习离不开电，国家的基本建设、工农业生产、通信、国防、科研，每时每刻也需要大量的电，可以说我们生活在电的世界中。

19 世纪以来，大批物理学家和发明家在电能的转换及利用方面不断深入研究，为人们在日常生活和工农业生产上便利使用电能提供了可能，给电力工业的快速持续发展注入了动力。

本章主要从电与照明、电与通信、电与广播电视、电与雷达、电磁与 GPS、电与医学等方面简单给大家介绍一下电的应用。

一、电与照明

（一）电灯的发明

电首先应用于照明。

知识小链接

电弧灯

1802 年，英国科学家戴维（H. Davy，1778—1829）用伏特电池研究放电时，发现了电弧现象。

1808 年，戴维制造了一个由 800 个独立的伏特电堆组成的大电池。他将碳棒连接在电池两端，然后让碳棒相互靠近，电池中持续流出的电流，通过碳棒后产生了一道持久耀眼的火花，人类历史上用于实际照明的第一支电光源——"电弧灯"诞生了，被誉为"智慧之光"。

戴维

电弧灯虽然能发出强光，但是，因为需要许多电池才能提供足够的电压以产生电弧，并且耗电极大、寿命太短，因而并未广泛用于照明，不久便退出了历史的舞台。

电灯是 19 世纪最伟大的发明之一。电灯的广泛使用，是电能应用的一次大普及，并且改变了人们的生活，同时也增加了人们对电能的需求，促进了发电厂的建设和发电机技术的进一步发展。

（二）多种多样的现代电灯

照明的设备虽然在不断地更新换代，但人们已经不单单只满足照明，科学、健康的光源成了人们迫切需要的东西。

1. 白炽灯

白炽灯是将灯丝通电加热到白炽状态，利用热辐射发出可见光的光源。白炽灯是最早出现的电灯，其用耐热玻璃制成泡壳，内装钨丝。泡壳内抽去空气，以免灯丝氧化，或再充入惰性气体（如氩），减少钨丝受热蒸发。因白炽灯灯丝所耗电能中仅一小部分转为可见光，故发光效率低，但制造方便、成本低、启动快、线路简单，现在有一些地方仍在使用。

白炽灯

知识小链接

寻觅灯丝

1844 年，法国 J. B. L. 傅科发明了以木炭为电极的弧光灯，但使用寿命很短。

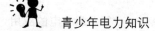

⚡ 1854 年，H.格贝尔在美国发明了用玻璃密封碳化竹丝的灯泡，使用时间仍然不长。

⚡ 1879 年，美国发明大王爱迪生成功研制出较为耐用的碳丝灯泡，这是第一盏真正有广泛实用价值的电灯，从此改写了人类照明的历史，使人类走向了用电照明的时代。

爱迪生与白炽灯

19 世纪后半叶，人们开始试制用电流加热真空中灯丝的白炽电灯泡。托马斯·阿尔瓦·爱迪生（Thomas Alva Edison，1847—1931）最先研制成功具有广泛使用价值的白炽灯。

在 1879 年 10 月 21 日傍晚，爱迪生和助手们成功地把炭精丝装进了灯泡里，

爱迪生

然后把灯泡里的空气抽到只剩下一个大气压的百万分之一，封上了口。接通电流时，他们日夜盼望的情景终于出现在眼前：灯泡发出了耀眼的亮光！在连续使用了 45 个小时以后，这盏电灯的灯丝才被烧断。这是人类历史上第一盏有广泛实用价值的电灯，后来人们就把这一天定为"电灯发明纪念日"。

2. 霓虹灯

霓虹灯是氖灯（neon light）的译音。在真空玻璃管里充入氖或氩等惰性气体，两端安装电极，通电后玻璃管会发出多彩的光。霓虹灯多用作广告灯或信号灯。霓虹灯不同于普通光源必须把钨丝烧到高温才能发光，造成大量的电能以热能的形式被消耗掉，因此，用同样多的电能，霓虹灯具有更高的亮度。

知识小链接

霓虹灯的发明

1898 年 6 月的一个夜晚，英国化学家拉姆赛（William Ramsay，1852—1916）在实验中把一种稀有气体注射在真空玻璃管里，然后把封闭在真空玻璃管中的两个金属电极连接在高压电源上。在观察这种气体能否导电时，一个意外的现象发生了：注入真空管的稀有气体不但开始导电，而且还发出了极其美丽的红光。霓虹灯世界的大门由此被打开。拉姆赛把这种能够导电并且发出红色光的稀有气体命名为氖气。后来，他相继在实验中发现了氩气能发出白色光，氩气能发出蓝色光，氦气能发出黄色光，氪气能发出深蓝色光……不同的气体能发出不同的色光，五颜六色，犹如天空美丽的彩虹。

拉姆赛

第二次世界大战前夕，荧光粉被应用在霓虹灯制作中后，霓虹灯的亮度不仅有了明显提高，而且灯管的颜色也更加鲜艳夺目、变化多端，同时也简化了制灯的工艺。霓虹灯得到了迅猛的发展。

霓虹灯管通常采用玻璃材质，制作相对复杂并且有易碎的缺点。霓虹灯由于采用高压变压器，往往对周边通信设备有一定的干扰。在技术发达的今天，更节能、安装更方便、颜色更多的 LED 灯逐步取代了霓虹灯。

3. 钠灯

钠灯利用纳蒸气放电产生可见气的电气源。钠灯可以分为低压钠灯和高压钠灯。

低压钠灯是利用低压钠蒸气放电发光的电光源。低压钠灯发出的是单色黄光，用于对光色没有要求的场所，但它的"透雾性"表现得非常出色，特别适合于高速公路、交通道路、市政道路、公园、庭院照明，能使人清晰地看到色差比较小的物体。

高压钠灯是利用镇流器产生上万伏的高压，激发灯内钠蒸气放电而发光的电光源。

高压钠灯发出的是金白色光，它具有发光效率高、耗电少、寿命长、透雾能力强和不诱虫等优点。

高压钠灯广泛应用于道路、高速公路、机场、码头、船坞、车站、广场、街道交汇处、工矿企业、公园、庭院照明及植物栽培。

高显色高压钠灯主要应用于体育馆、展览厅、娱乐场、百货商店和宾馆等场所照明。

4. 荧光灯（日光灯）

荧光灯是利用低气压的汞蒸汽在通电后释放紫外线，从而使荧光粉发出可见光的点光源。

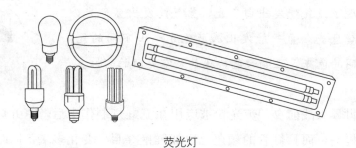

荧光灯

知识小链接

荧光灯的发明

1938年，美国通用电子公司（General Electric Company）的研究人员伊曼在真空管内壁上涂上荧光粉，然后填充进一定量的水银（蒸汽），管的两端各放一个灯丝做电极。当接通电源后，荧光物质就将水银蒸汽发出的光线转化为荧光。伊曼发明了荧光灯（日光灯）。荧光灯比白炽灯更亮，光线更柔和，而且省电。

1974年，荷兰飞利浦公司研制成功稀土铝酸盐体系红、绿、蓝三基色荧光粉，它的发光效率约为白炽灯的5倍，用它做荧光灯的原料可大大节省能源。这就是高效节能荧光灯的由来。没有三基色荧光粉就不可能有新一代细管径紧凑型高效节能荧光灯。

5. LED 灯

LED 灯是发光二极管（light emitting diode）的缩写，在半导体材料的固体水晶内部，将电能转化为光。

1962 年第一盏 LED 灯（红色）问世。1976 年绿色 LED 灯问世。1993 年蓝色 LED 灯问世。1999 年白色 LED 灯问世。2000 年 LED 灯应用于室内照明。

LED 灯的开发是继白炽灯后照明发展史上的第二次革命。LED 灯是目前光效最高的照明产品。

经过多年的发展，电灯的种类越来越多，白炽灯、荧光灯、无极灯、蒸汽灯……一系列的灯源出现在我们的生活当中，LED 灯因小巧、寿命长、节能等优势深受人们喜爱。

6. 电磁感应灯

电磁感应灯是利用高频电磁场激发无极放电腔而发光的一种新型照明光源，电磁感应灯的寿命可以达到 60 000 小时以上。

电磁感应灯的特点：结构简单、无电极、无灯丝、高光效、高显色性和长寿命等。

电磁感应灯的普及与应用带给我们的不单是经济效益，更多的将会是相关的社会效益。据调查，全球每年废弃的节能灯在 5 个亿左右，这给全球带来的环境污染是无法估量的。全球每年要花费大量的资金处理这些污染问题，节能灯的污染已引起了联合国等有关部门的高度重视。

电磁感应灯的问世无疑为绿色照明开拓了一条全新的捷径。由于其超长的寿命，废弃灯泡的污染问题将被缓解，所以说它是今后光源发展的趋势，而不单单是一项高科技产品的发明。

（三）我国用电照明的开始

我国第一盏电灯出现在清光绪五年（1879 年）五月，当时上海电气工程师毕晓浦在乍浦路一座仓库里，以蒸汽机为动力，带动发电机发电，点燃碳极弧光灯，电灯在中国开始使用。

1921 年，胡西园研制出中国第一只白炽灯灯泡，并于 1923 年创办了中国第一家灯泡制造厂，结束了外国灯泡一统天下的历史，胡西园也被人们称为"中

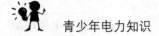

国电灯之父"。

在中国崛起的今天，一只电灯泡已经不足为奇了，但是在百年前连一根钉子也要向外国人购买的旧中国，制造出电灯泡并非易事。

美丽的"小蛮腰"

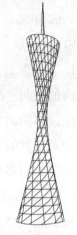

广州塔是中国第一高塔，也是世界第二高塔，她的"小蛮腰"不仅身姿曼妙，夜晚时分还光影变幻、流光溢彩。"小蛮腰"漂亮的奥秘就在于塔立柱内侧的 6 700 多盏 LED 灯。利用 LED 灯指向性强的特点，所有的灯都向上或向下照射塔的主立柱，并且一节一节地接力照射，营造出靓丽的灯光效果。

广州"小蛮腰"

怎么做到色彩斑斓的呢？其实"五光十色"是由红色的 LED 光珠、绿色的 LED 光珠、蓝色的 LED 光珠组成 LED 发光圈形成的，由计算机控制每个 LED 光珠的发光和亮度。因为红色和绿色重合就变成黄色，蓝色和绿色重合就变成青色，红色和蓝色重合就变成紫色，红色、绿色和蓝色重合就变成白色。这下你明白了吗？

囊萤夜读

中国古代甚至还有用萤火虫做光源来照明的记载。

《晋书·车胤传》："胤恭勤不倦，博学多通。家贫，不常得油。夏月，则练囊盛数十萤火以照书，以夜继日焉。"主要讲的是，晋代时，车胤（约 333—401年）从小好学不倦，但因家境贫困，家里没有多余的钱买灯油供他晚上读书。一个夏天的晚上，车胤在院子里背文章，见许多萤火虫在飞舞，就找了一只白绢口袋，把几十只萤火虫放在里面，借着萤火虫的光读书。由于他勤奋刻苦，终于有了大成就。

囊萤夜读

中华神灯

位于福建闽侯县甘蔗镇昙石村西北侧的"昙石山文化遗址"，距今 4 500—
5 500 年，属新石器时代晚期。

遗址中出土了保存完好的陶瓷做的油灯。它有多个
防风孔，比外国的同类灯早了 1 000 多年。这是我国最
早的油灯，也是世界上最早的油灯，被誉为"中华神
灯"。

雁鱼灯

秦汉时出现了利用虹吸原理净化空气的雁鱼灯。江
西南昌海昏侯墓里出土的雁鱼灯正是这样一种环保灯。

灯火点燃时，烟雾通过鱼和雁颈导入雁体内，将烟
尘吸入雁的肚里让水溶解，净化空气，防止油烟对室内空气产生污染。

雁鱼灯

长信宫灯

长信宫灯于 1968 年在河北省满城县中山靖王刘胜妻窦绾墓中出土，是中国汉代的青铜器制品，因曾放置于窦太后的长信宫内而得名，现收藏于河北博物院。

长信宫灯

长信宫灯的灯体高 48 厘米，重 15.85 千克。宫灯灯体为一名通体鎏金、双手执灯跪坐的宫女，它由头部、身躯、右臂、灯座、灯盘和灯罩六部分分铸组装而成，灯体中空，头部和右臂可以拆卸。

灯罩由两块弧形的瓦状铜板组成，合拢后为圆形，嵌于灯盘槽中，可以左右开合，这样能任意调节灯光的照射方向、亮度和强弱。

灯盘中心和钎上插上蜡烛，点燃后，烟会顺着宫女的袖管进入体内，不会污染环境，保持室内清洁。长信宫灯既防止了空气污染，又具有极高的审美价值。

"省油灯"

"省油灯"来自宋代古城涪陵石沱镇。省油灯的碟壁是一个中空的夹层。在碟壁侧面有一个小缺口，可以向内加入少量清水。往油碟里面倒入灯油后，因为在碟壁内注水后降低了灯盏整体的热度，从而大大降低了油的挥发速度，达到了省油的目的。

"省油灯"

由此可见，中国古代就有环境保护和节能意识，我们今天更应该注意节能环保。

有光的地方就会有文明。数万年前，人类懂得用火驱赶严寒和照明，三千多年前人类开始使用简单的承载火烛，如今，荧光灯、LED 灯、电磁感应灯……各种灯具在我们的日常生活中不可或缺。照明经历了从火、油到电的发展历程，同时这也是社会经济和文化的缩影。真正把人类带入光明世界的是电的发现及电灯的发明。未来照明还会继续前行，就目前来看，节能、环保、智能是发展的主要趋势，让我们拭目以待。

二、电与通信

现代通信主要是指利用电产生的电磁波来实现各种各样的通信方式。

现代通信技术的发展是全方位的，从有线到无线，从地上到空中，从电通信到光通信再到同各种新业务的综合，尤其是它和计算机技术的结合，进一步推动了现代通信技术的发展。现代通信的发展将以能够随时随地提供语音、数据与图像三者任意结合的服务为目标。数字化、宽带化、高速化、综合化、智能化、个人化和全球化是通信技术的发展趋向。

（一）电报

1. 什么是电报？

电报（Telegraph）是通信业务的一种，是最早使用电进行通信的方式。电报是利用电流（有线）或电磁波（无线）做载体，通过编码和相应的电处理技术实现人类远距离传输与交换信息的通信方式。电报大大加快了消息的流通，是工业社会中一项重要发明。

2. 电报的种类

电报分为有线电报和无线电报。

早期的电报是有线电报，只能在陆地上通信，后来使用了海底电缆，开展了越洋服务。

到了 20 世纪初，开始使用无线电拍发电报，电报业务基本上已能抵达地球上大部分地区。

电报主要是用作传递文字信息，使用电报技术传送图片称为传真。

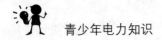

3. 有线电报发明历程

早在 19 世纪初就有人开始研制电报，但实用电磁电报的发明，主要归功于英国科学家库克、惠斯通和美国科学家莫尔斯。

1804 年，西班牙工程师 D. F. 萨尔瓦就开始研究用导线传输电流和信息。随后许多人也对此进行了探索研究，但都没有达到实用的效果。

1837 年，英国的 W. F. 库克和 C. 惠斯通研制成功了双针式电报机，并应用于利物浦的铁路线上。

1839 年，M. H. von 雅克比发明了电磁式电报记录仪，提高了收报的可靠性。

美国发明家萨缪尔·芬利·布里斯·莫尔斯（Samuel Finley Breese Morse，1791—1872）在前人研究的基础上，研制出了商用电报机，并发明了由点、划组成的"莫尔斯电码"。莫尔斯虽不是电报原理的创立者，却是第一个将该原理用于实践的人。

电报机和莫尔斯电码的发明，为跨洋越海通信提供了可能。人们很快就建立了长距离的通信网，到 1869 年建成了包括横跨大西洋、太平洋、印度洋在内的全球范围的电缆网。

4. 无线电报的发明

架电线、铺电缆都是很费事的事情，尤其是越洋铺设电缆，成本大、费时费力、风险高且不易维护。如果能不经电线电缆而直接传递信息，岂不是更为方便？于是无线电报应运而生。

意大利科学家马可尼（Guglielmo Marchese Marconi，1874—1937）在前人研究的基础上，于 1895 年在自家的花园里成功地进行了无线电波传递实验，并于 1898 年在英吉利海峡两岸进行无线电报跨海试验成功。此后无线电报技术日新月异，许多国家的军事要塞、海港船舰大都装备有无线电设备，无线电报成了全球性的事业。1909 年马可尼获得诺贝尔物理学奖，被称作"无线电之父"。

知识小链接

莫尔斯电码

莫尔斯电码（Morse code，又译为"莫斯密码"）是一种时通时断的信号代码，它通过不同的排列顺序来表达不同的英文字母、数字和标点符号。莫尔斯电码发明于 1837 年，是一种早期的数字化通信形式。但是它不同于现代只使用零和一两种状态的二进制代码，它的代码包括五种：点、划、点和划之间的停顿、每个词之间中等的停顿以及句子之间长的停顿。

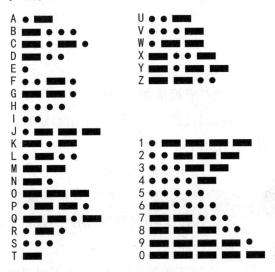

莫尔斯电码表

5. 电报在我国的早期应用

1871 年，电报通信传入我国。

1877 年修建的由旗后（今高雄）至府城（今台南）的电报线是中国人自己修建、自己掌管的第一条电报线，开创了中国电信的新篇章。

1880 年李鸿章在天津设立中国最早的电报总局，1883 年在浙江正式开通电报业务。

6. 电报通信逐渐成为历史

随着通信技术的迅猛发展，计算机、互联网、电子邮件以及手机日渐普及，电报被逐步取代。现在一般人已不会使用电报通信，传统的电报通信亦已被电脑、互联网及手机取代。

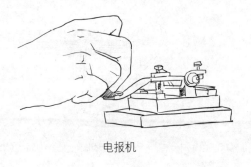

电报机

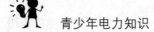
香港于 2004 年 1 月 1 日宣布终止香港境内外所有电报服务。同一年，荷兰的电报服务亦宣告停止。美国最大的电报公司——西联电报公司宣布，2006 年 1 月 27 日起终止所有电报服务。2008 年 5 月 1 日，泰国宣告电报技术当日起走入历史。

新事物不断诞生，老事物渐行渐远。如今，已经成为历史元素的电报只能停留在人们的记忆深处。

（二）电话

1. 什么是电话？

电话机是通过送话器把声音换成相应的电信号，用导电线把电信号传送到远离说话人的地方，然后再通过受话器将这一电信号还原为原来声音的一种通信设备。电话至今仍广泛应用于有线通信。

电话

2. 电话机的发明

19 世纪初，人们发现语音是空气的一种复杂的震动，这种震动可以传给固体，并可以转变为导电金属中的电脉冲。

1876 年美国人 A. G. 贝尔用两根导线连接两个结构完全相同、在电磁铁上装有振动膜片的送话器和受话器，实现两端通话，发明了电话机，获得了美国专利，但通话距离短、效果差。

1877 年美国爱迪生发明了阻抗式发话器，改进了电话的效果。

3. 电话机的发展

最早的电话机是磁石电话机，靠自备电池供电，用手摇发电机发送呼叫信号。

1880 年出现共电式电话机，改由共电交换机集中供电，不用再用手摇发电机和干电池。

磁石电话机

共电式电话机

1891年出现了旋转拨号盘式自动电话机，它可以发出直流拨号脉冲，控制自动交换机动作，选择被叫用户，自动完成交换功能。旋转拨号盘式自动电话机把电话通信推向一个新阶段。

自1947年发明半导体之后，金属丝线路和其他笨重的硬件被轻质的紧凑电路取代，电子学的发展进一步改善了电话机的性能，赋予了电话机自动重新拨号、来电号识别以及模拟信号—数字信号之间的转换等附加功能。

20世纪60年代末期出现了按键式全电子电话机。现在除脉冲发号方式外，又出现了双音多频（DTMF）发号方式。

拨盘式自动电话机　　　　　　　　　按键式电子电话机

随着程控交换机的发展，双音频按键电话机已逐步普及。电子电话机的电路正在向集成化迈进，电话机专用集成电路已广泛用于话机电路各组成部分。具备大屏幕、手写功能、网络功能等特点的智能化电话机将成为未来发展方向。

4. 无线电话

（1）什么是无线电话？

无线电话主要是指利用移动通信技术可以在较广范围内使用的便携式电话终端。无线电话是20世纪的重大发明之一。

（2）无线电话的发明。

无线电话通信利用了无线电短波能从电离层折射返回地面这一特性。

1915年，首次实现了跨越大西洋的无线电话通信。

1927年，在美国和英国之间开通了商用无线电话。

20世纪30年代发现了超短波，40年代发现了微波。

人们利用超短波及微波能直穿电离层的特性开发了多路无线接力通信。超

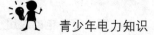

短波接力通信可以传送 30 路以下的电话；微波接力通信可以传送几千路电话，还可以用来传送彩色电视信号。

（3）移动电话的发展。

①移动电话。

移动电话又名手机，是现在普遍使用的通信工具。

当今社会，人们用手机连接着这个世界。人们不仅可以通过手机进行通信，还可以通过 3G、4G、5G 等移动通信网络实现无线网络接入后，方便地实现个人信息管理及查阅股票、新闻、天气、交通、商品信息，下载应用程序、音乐图片、影视剧等。

②手机的发明。

移动通信的发源点是赫兹在实验中证实了电磁波的存在。电磁波的发现，成为"有线电通信"向"无线电通信"的转折点。其实手机就是踩着电报和电话等的肩膀降生的。没有前人的努力，无线通信无从谈起。

知识小链接

⚡ 1902 年，美国人内森·斯塔布菲尔德（Nathan Stubblefield）在肯塔基州默里的乡下住宅内制成了第一个无线电话装置。这部可无线移动通信的电话就是人类对"手机"技术最早的探索研究。

⚡ 1938 年，著名的贝尔实验室为美国军方制成了世界上第一部"移动电话"手机。

斯塔布菲尔德

⚡ 1973 年 4 月，美国著名的摩托罗拉公司工程技术员马丁·库帕（Martin Lawrence Cooper，1928—　）发明了世界上第一部民用手机。马丁·库帕被称为"现代手机之父"。

早期移动电话　　　　　　　　　　库帕

③手机在我国的应用。

1987年11月，我国在广州开通了第一个移动电话系统。1997年移动电话用户数达1000万，2000年达6000万，2002年2月达1.56亿，2017年上半年我国移动电话总用户突破13.6亿，成为世界上移动电话用户最多的国家。

④手机的更新换代。

第一代手机（1G）是指模拟的移动电话，俗称"大哥大"。这种手机基本上使用频分复用方式，只能进行语音通信，通信效果不稳定，且保密性不足。

第二代手机（2G）也是最常见的数字手机，具有稳定的通话质量和合适的待机时间，支持彩信业务的GPRS（通用分组无线业务）和上网业务的WAP（无线应用协议）服务。

第三代手机（3G）是指第三代数字移动通信技术。相对第一代模拟制式手机（1G）和第二代数字手机（2G），第三代手机是指将无线通信与国际互联网等多媒体通信结合的新一代移动通信系统。它能够处理图像、音乐、视频流等多种媒体形式，还能提供包括网页浏览、电话会议、电子商务等多种信息服务。

第一代手机　　　　　　第二代手机　　　　　　第三代手机

第四代手机（4G），能够传输高质量视频图像以及图像传输质量与高清晰度电视不相上下的技术产品。手机像"个人电脑"一样，具有独立的操作系统，可以由用户自行安装软件、游戏等第三方服务商提供的程序，通过此类程序来不断对手机的功能进行扩充，并可以通过移动通信网络来实现无线网络接入。

第四代手机

第五代手机

第五代手机（5G）是指使用第五代通信系统的智能手机。具有智能化程度更高，高速数据传输，实时定位更精准，响应时间更快，省电待机时间更长，支持 5G 网络等优点。

5G 网络的传输速率最高可达每秒 10 000 兆位。这意味着手机用户在不到一秒时间内即可完成一部高清电影的下载，比先前的 4G LTE 蜂窝网络快 100 倍。其较低的网络延迟（更快的响应时间），低于 1 毫秒，而 4G 为 30—70 毫秒。未来通过 5G 手机通话时，手机会将通话的对方面貌临空立体投影出来，就如同真正面对面交流一样。总之，5G 将会改变我们的生活。

5. 光纤通信

（1）什么是光纤通信？

光纤通信是一种以光作为信息载体，以光纤作为传输媒介的通信方式。它首先将电信号转换成光信号，再通过光纤将光信号进行传递，属于有线通信的一种。光纤通信具备传输容量大、保密性好等优点，已经成为当今最主要的有线通信方式。

（2）什么是光纤？

光纤是光导纤维的简称，是一种传播光波的线路。光纤比头发丝还要细，一般由两层不同的玻璃组成，里面一层叫纤芯或内芯；外面一层叫包层，主要是为保护光纤，包层外面往往再覆盖一层塑料。在光通信工程中应用的是光缆，它是由许多根光纤组合在一起并经加固处理而成的。

涂覆层

包层

铅芯

光纤

（3）光纤的发明。

1966 年英国华裔科学家高锟从理论上论证了光导纤维作为光通信介质的可能性，被尊称为"光纤之父"。光纤被称为信息传输的"超高速公路"。现在已建成了欧亚大陆、亚欧海底、亚美海底的光缆系统。

（4）我国光纤通信技术的发展。

我国在光纤通信方面的研究始于 1974 年，不久便取得了突破性的进展。20 世纪 90 年代，光纤通信系统的国家干线逐步形成，新兴的光纤开始取代传统的电缆。现在，我国光纤通信发展十分迅速，目前许多生活小区都接入了光纤。

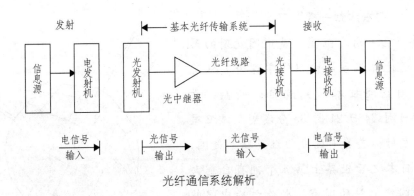

光纤通信系统解析

6．卫星通信

（1）什么是卫星通信？

卫星通信就是利用卫星作为中继站来转发微波，实现两个或多个地球站之间的通信。

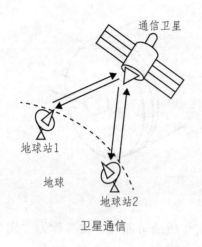

通信卫星

地球站1

地球

地球站2

卫星通信

(2) 为什么要卫星通信?

由于超短波和微波具有直线传播、不能从电离层反射的特性,它们在地面上只能以视线距离传播。由于地球是球体,所以想要在地球上进行长距离的微波通信,必须每隔 50 千米就修建一座微波中继站,用于接力传输通信信号。通信距离越长,设立的中继站越多。传输环节越多,不仅严重影响通信的质量,而且投资巨大。

卫星通信系统由通信卫星和地球站(或称卫星地面站)组成。卫星通信利用人造地球卫星作为中继站转发微波,实现与地球站的通信。这种方式解决了微波通信在地面上中继站众多的问题,可以在大范围内进行高质量的通信,现在已经成为全球远距离和洲际通信的主要手段之一。

知识小链接

"东方红一号"卫星

"东方红一号"卫星,是中国发射的第一颗人造地球卫星,由以钱学森为首任院长的中国空间技术研究院自行研制,于 1970 年 4 月 24 日 21 时 35 分发射。该卫星的成功发射标志着中国成为继苏联、美国、法国、日本之后世界上第五个拥有自制火箭发射国产卫星的国家,也为之后中国航天事业的发展指明了道路。

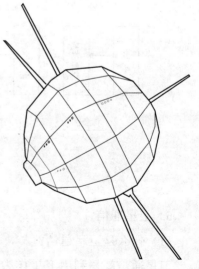

"东方红一号"卫星示意图

知识小链接

钱学森

钱学森（1911—2009），浙江杭州人，中国现代物理学家、世界著名火箭专家、中国科学院院士、中国工程院院士，对中国航天和国防科技事业贡献卓著。1991年，国务院、中央军委授予他"国家杰出贡献科学家"荣誉称号。1999年，中共中央、国务院、中央军委授予他"两弹一星功勋"奖章。2009年，被评为"一百位新中国成立以来感动中国人物"。

钱学森

收听广播

三、电与广播电视

广播电视是通过无线电波或导线向广大地区播送音响、图像节目的传播媒介，统称为广播。

（一）无线电广播

1. 什么是无线电广播？

无线电广播是以无线电波为传输载体的广播方式。无线电广播只能播放声音。

2. 什么是收音机？

收音机是用电将电波信号转换成声音信号并能收听广播电台发射音频信号的一种机器。

3. 无线电广播的原理

在无线电广播中，人们先将声音信号转变为电信号，然后将这些电信号由高频振荡的电磁波向周围空间传播。无线电波传播速度为 3×10^8 米每秒，这种

收音机

无线电波被各地收音机天线接收，然后经过放大、解调，还原为音频电信号，由喇叭还原出声音，是声电转换传送——电声转换的过程。

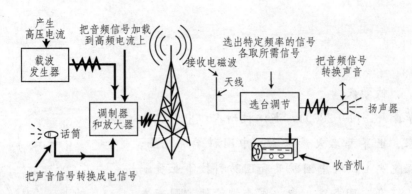

无线电广播原理示意图

4. 我国广播电台的发展

20世纪20年代初期，无线电广播技术传入中国。

1923年1月23日，美国人奥斯邦在上海创办了一座发射功率只有50瓦的无线电广播电台，宣告了无线电广播在中国的诞生。

1926年10月，无线电专家刘瀚创办了第一个中国人自己经营的广播电台——哈尔滨无线广播电台。

1927年3月，上海的新新公司为了推销自己制造的矿石收音机，开办了发射功率只有50瓦的我国第一座私营广播电台。

新中国成立以后，广播事业有了突飞猛进的发展。到1986年，全国广播电台发展到278座，发射功率增长了300多倍，收音机拥有量达到2.5亿个。

电视广播

（二）电视技术

当无线电和收音机逐渐普及，人们闭着眼睛听新闻广播和优美动听的音乐时，就想着要是画面能伴随着声音一起从空中传来，那该有多美好！

1. 什么是电视广播？

播送图像和声音的，称为电视广播。

广播电视的产生是人类社会发展、

科技进步的结果。广播电视技术是 20 世纪人类最伟大的发明之一，它使人类信息传播的广度和深度得到了空前的扩展。在今天的社会，无论在世界上哪个角落，没有电视的生活已经很难想象了。

2. 电视技术的发明

早在 19 世纪初，瑞典科学家贝尔兹·列斯发现了一种具有质光体的非金属元素——硒。

1873 年，英国科学家发现硒可以将光的能量转化成电的能量。

1877 年，法国塞列克应用硒光电效应电视扫描原理，将影像和声音分解成光子和电子在时空中传播，并在任意终端还原成影像和声音。塞列克构想出了最原始的电视发射系统，并提出了电视这个概念。

1884 年，德国科学家 P. G. 尼普科夫（Nipkow, Paul Gottlieb, 1860—1940）发明了无线电图像传播圆盘扫描法，对图像进行顺序扫描，并通过硒光电管进行电转换，实现了画像电，解决了电视机械扫描的关键问题，在电视发展史上占有重要地位。尼普科夫被誉为"电视鼻祖"。

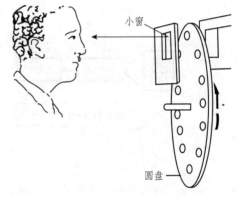

圆盘扫描法示意图

1923 年，美国科学家兹沃雷金（Vladimir Kosma Zworykin, 1889—1982）首次发明了光电摄像管，为电视图像的转播提供了可能。

1925 年，英国科学家 J. L. 贝尔德（J. L. Baird, 1888—1946）经过无数次失败后，终于成功完成了"用电传送图像"的试验，并在实验室接收到比较清晰的图像和声音。贝尔德被后人誉为"电视之父"。

1926 年，英国广播公司（BBC）用贝尔德研制的电视发射机播送图像，进行了世界首次电视无线传播。

1929 年，电视接收机研制成功，电子电视应运而生，从此电视机开始走进千家万户，成为人们必不可少的家电之一。

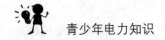

1936 年 8 月，英国广播公司建成电视台，11 月正式播出电视节目，这是世界电视事业的开端，标志着世界电视由发明、研制、试播进入逐渐完善的阶段。

1954 年，美国哥伦比亚广播公司开播彩色电视节目，美国成为世界上第一个建立彩色电视广播的国家。

3. 广播电视的原理

电视技术是利用电子技术通过光电变换系统把图像、声音和色彩转换成无线传播的视频信号及音频信号，再由发射系统用电缆和天线发送传播出去，接收端设备把音频电信号还原为图像、声音和色彩并重现在荧屏上的现代大众传播媒介。

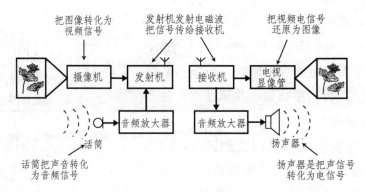

广播电视示意图

4. 中国首台电视机的发明

1958 年 3 月，中国第一台电视机由天津无线电厂试制成功。为了纪念这台电视机的诞生，它被命名为"北京"。

5. 我国电视事业的发展

电视是重要的广播和视频通信工具。20 世纪 50 年代，中国的电视事业开始出现，并且取得了长足的发展。

1958 年 5 月 1 日，我国第一座电视台"北京电视台"（今天中央电视台的前身）开始试验播出，标志着中国电视事业的产生。

1973 年 5 月 1 日，开始播出彩色电视节目。

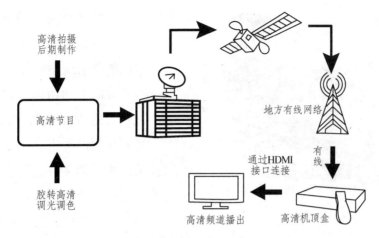

高清节目播出流程图解

1978 年 5 月 1 日，中央电视台（CCTV）正式成立，成为我国唯一的一家国家级电视台。

2018 年 4 月 19 日，中央广播电视总台正式揭牌。根据《深化党和国家机构改革方案》，由原中央电视台（中国国际电视台）、中央人民广播电台、中国国际广播电台组建中央广播电视总台，对内保留原呼号，对外统一呼号为"中国之声"。

据国家广播电视总局数据显示：截至 2021 年 9 月，全国共有 397 家地级以上广播电视播出机构、35 家教育电视台和 2 107 家县级广播电视播出机构。

四、电磁与军事

（一）什么是雷达

雷达也被称为"无线电定位"，是利用电磁波探测目标的电子设备。

雷达发射电磁波对目标进行照射并接收其回波，由此获得目标至电磁波发射点的距离、距离变化率（径向速度）、方位、高度等信息。

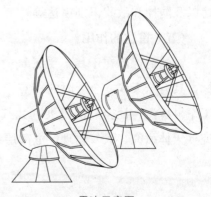

雷达示意图

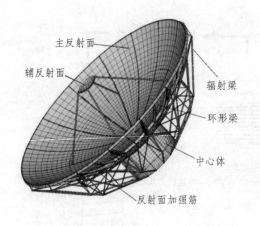

主反射面
辅反射面
辐射梁
环形梁
中心体
反射面加强筋

雷达结构示意图

罗伯特·沃特森·瓦特

（二）雷达的工作原理

雷达的发射机通过天线把电磁波能量射向空间某一方向，处在此方向上的物体反射碰到电磁波；雷达天线接收到此反射波，送至接收设备进行处理，提取有关该物体的某些信息（目标物体至雷达的距离、距离变化率或径向速度、方位、高度等）。

（三）雷达的发明

雷达的发明，不能专归于某一位科学家，而是许多无线电学工程师努力研究，加以调准而成。

1935 年英国物理学家罗伯特·沃特森·瓦特（Robert Watson Watt, 1892—1973）发明了第一台实用雷达。

（四）雷达的种类

雷达的种类繁多，分类的方法也非常复杂。按照雷达的用途分类，雷达可分为预警雷达、搜索警戒雷达、引导指挥雷达、炮瞄雷达、测高雷达、战场监视雷达、机载雷达、无线电测高雷达、气象雷达、航行管制雷达、导航雷达以及防撞和敌我识别雷达等。

（五）雷达的作用

雷达的优点在于其不受天气的影响，且无论白天黑夜均能探测远距离的目标，具有全天候、全天时的特点，并有一定的穿透能力。因此，雷达广泛应用于军事探测、社会经济发展（如气象预报、资源探测、环境监测等）和科学研究（天体研究、大气物理、电离层结构研究等）。

知识小链接

蝙蝠与雷达

蝙蝠是利用"超声波"在夜间导航的。蝙蝠的喉头能发出一种超过人的耳朵所能听到的高频声波，这种声波一碰到物体就会迅速返回来。蝙蝠用耳朵接收了这种返回来的超声波，使其能做出准确的判断，引导飞行。科学家借助仿生原理，根据蝙蝠的回声定位系统制造出了雷达。

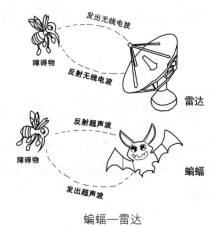

蝙蝠—雷达

知识小链接

全球定位系统（GPS）

GPS是全球定位系统（Global Positioning System）的简称。GPS起始于1958年美国军方的一个项目，1964年投入使用。

20世纪70年代，美国陆海空三军联合研制了新一代卫星定位系统GPS。主要目的是为陆海空三大领域提供实时、全天候和全球性的导航服务，并用于情报搜集、核爆监测和应急通信等一些军事目的。

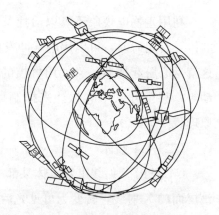

卫星定位系统示意图

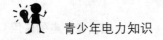

我国的北斗卫星导航系统

北斗卫星导航系统是我国自主研发、独立运行的全球卫星导航系统，可为用户提供高精度、全天时、全天候的导航、定位、授时和通信服务，是国家信息化基础建设的重要组成部分，是国家安全和现代国防的重大技术支撑系统，也是国家经济安全的重要保障。

目前全球四大卫星导航系统包括美国的 GPS、俄罗斯的格洛纳斯、欧洲的伽利略和中国的北斗。

五、电与医学

电及电磁已经广泛应用在现代医疗当中，现在医院当中的很多先进的医疗检查设备都是利用生物电和电磁波的原理来工作的。下面我们就常见的几种医疗检查设备给大家做简要介绍。

（一）生物电技术

生物电的研究成果已被广泛地应用到临床医学，其中最常见的是心电图、脑电图、肌电图、眼电图（视网膜电图）、耳蜗电图、胃电图等生物电信息的检测。

利用生物电现象还可以治疗某些神经和肌肉的疾病，如心脏中神经和肌肉的传导有阻碍时，可以用电脉冲发生器来直接刺激心肌以代替心脏原来的机能，这就是心脏起搏器。又如用可控的脉冲刺激可以控制膀胱排尿、瘫痪肢体的运动等，甚至可以用电脉冲来抑制疼痛。这些应用都基于可兴奋细胞的电活动原理。

（二）CT 技术

CT 是用 X 射线束对人体某部一定厚度的层面进行扫描，由探测器接收透过该层面的 X 射线，转变为可见光后，由光电转换变为电信号，再经模拟/数字转换器转为数字，输入计算机处理。

1971 年第一台 CT 诞生，仅用于颅脑检查。1972 年 4 月，亨斯菲尔德（Hounsfield Godfrey Newbold，1919—2004）在英国放射学年会上首次公布了这一结果，正式宣告了 CT 的诞生。

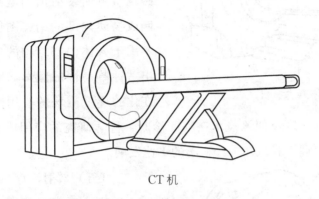

CT 机

（三）X 射线透视机

X 射线是一种波长很短的电磁波。医学上常用 X 线检查作为辅助检查方法之一。

临床上常用的 X 射线检查方法有透视和摄片两种。

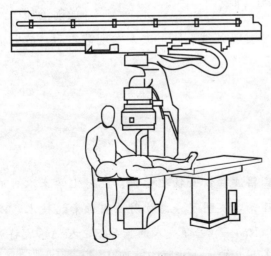

X 射线透视机工作示意图

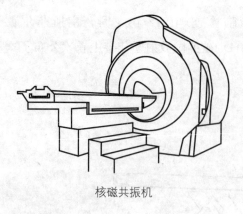

核磁共振机

（四）核磁共振

核磁共振成像也称磁共振成像，它利用核磁共振原理，通过外加梯度磁场检测所发射出的电磁波，据此绘制成物体内部的结构图像。将这种技术用于人体内部结构的成像，就产生出一种革命性的医学诊断工具。快速变化的梯度磁场的应用，大大加快了核磁共振成像的速度，使该技术在临床诊断、科学研究的应用成为现实，极大地推动了神经生理学和认知神经科学的迅速发展。

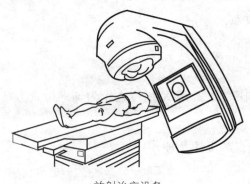

放射治疗设备

（五）放射治疗

放射治疗是利用一种或多种电离辐射对恶性肿瘤及一些良性病进行的治疗。放射治疗的手段是电离辐射。放射治疗中最常用的直接电离粒子是电子，最常用的间接电离粒子是光子。

放射治疗已经历了一个多世纪的发展历史。在伦琴发现 X 线、居里夫人发现镭之后，放射治疗很快就被用于临床治疗。

知识小链接

居里夫人

居里夫人，法国籍波兰裔女物理学家、放射化学家。居里夫人一生成就斐然，提出了放射性理论，发明了分离放射性同位素的技术，以及发现了两种新元素钋（Po）和镭（Ra）。在居里夫人的指导下，人们首次将放射性同位素用于治疗癌症。居里夫人是获得两次诺贝尔奖的第一人。

六、电传感器与日常生活

电视机、空调、汽车等为什么能用遥控器进行开关？照明灯又如何能被光、声控制亮、灭？这些家用电器被自动控制"听人摆布"的原因就是传感器的应用。

（一）什么是传感器？

传感器是一种检测装置，能感受到诸如力、温度、光、声、化学成分等物理量，并把它们按一定规律转换成电压、电流等电学量或电路的通断，以满足信息的传输、处理、存储、显示、记录和控制等要求。传感器广泛应用于人类社会发展及生活的各个领域。

（二）传感器在日常生活中的使用

在日常生活中许多电器都利用传感技术来实现自动控制功能。

1. 温度传感器的应用

电饭锅、电熨斗、电水壶、红外测温仪等。

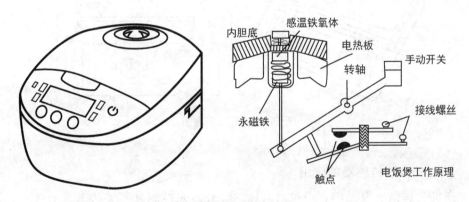

电饭锅工作原理示意图

2. 光传感器的应用

火灾报警器、光控开关灯、无线鼠标、数码相机等。

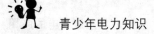

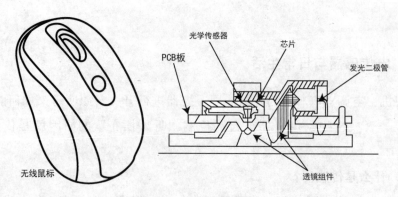

无线鼠标工作原理示意图

3. 声传感器

智能话筒、声控灯、计算机声音录入功能等。

4. 力传感器的应用

电子秤等。

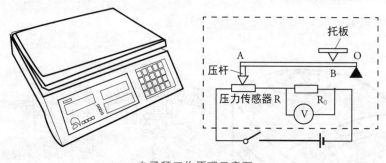

电子秤工作原理示意图

5. 红外微波传感器的应用

商场、宾馆的自动门，通过对人体的红外波来控制其开关状态。

6. 传感器在手机中的应用

加速度传感器。例如手机的摇一摇功能就是对手机的加速度进行感应。

光线传感器。例如手机的自动调光功能。

距离传感器。例如接电话时手机离开耳朵屏幕变亮，手机贴近耳朵屏幕变暗。

手机中的传感器数不胜数，很多功能都是利用传感器完成的。

手机中的传感器应用

七、静电与日常生活

静电应用，指利用静电感应、高压静电场的气体放电等效应和原理，实现多种加工工艺和加工设备。其在电力、机械、轻工、纺织、航空航天以及高技术领域有着广泛的应用。

（一）静电除尘

静电除尘是利用静电场的作用，使气体中悬浮的尘粒带电而被吸附，并将尘粒从烟气中分离出来将其去除。这是静电应用的主要方面，可用于各种工厂、机场等密闭场所的烟气除尘。

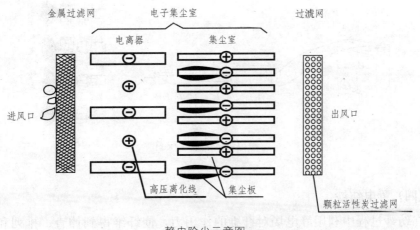

静电除尘示意图

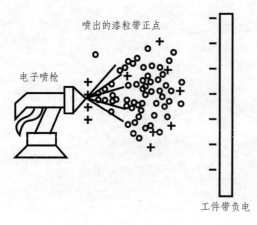

喷出的漆粒带正点

电子喷枪

工件带负电

静电喷涂示意图

（二）静电喷涂

静电喷涂是在高压静电场作用下，使从喷枪喷出来的漆雾带上电荷，这种带电的漆雾，向带异号电荷的工件表面吸附，沉积成均匀的涂膜。

静电喷涂的漆液利用率甚高，可达 80%—90%，主要用于汽车、机械、家用电器等行业。

（三）静电喷洒

喷洒农药的静电喷雾机和静电喷粉机均装设静电喷头，利用几百到数千伏的高压直流电源通电到喷头，使药液或药粉颗粒带电，而防治目标则由静电感应而引发出相反极性的电荷，从而使药液或药粉颗粒在静电场作用下奔向防治目标。

利用静电作用能显著提高命中率，减少药剂损失和对环境的污染，并可将药剂喷洒到目标的背面以增强防治效果。

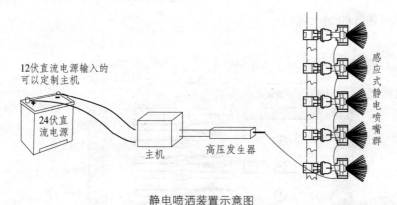

12伏直流电源输入的可以定制主机

24伏直流电源

主机　　高压发生器

感应式静电喷嘴群

静电喷洒装置示意图

（四）静电纺纱

在纺纱过程中利用静电场对纤维的作用力，使纤维得到伸直、排列和凝聚，并在自由端须条加捻时起到平衡的作用，使纺纱能连续进行。

　　静电纺纱是属于自由端纺纱范畴的一种新型纺纱技术。

纱　　加捻器　电极　　自由端须条　电力线　　电极　　高压电源

输棉管　纤维　电场罩壳　吸风管

静电纺纱装置示意图

（五）静电植绒

　　静电植绒指利用静电场作用力使绒毛极化并沿电场方向排列，同时被吸着在涂有黏合剂的基底上成为绒毛制品。

　　静电植绒装置由两个平行板电极构成。其中下电极接地，并在其上放置基底材料和短纤维；上电极板施加高压直流电，在两电极间形成强电场。

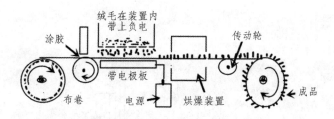

涂胶　　绒毛在装置内带上负电　　传动轮

带电极板　电源　烘燥装置　成品

布卷

静电植绒装置示意图

（六）静电复印

　　静电复印是一种利用光电导敏感材料在曝光时按影像发生电荷转移而存留静电潜影，经一定的干法显影、影像转印和定影而得到复制件的复印方法。

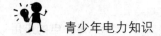

静电复印所用材料为非银感光材料。

静电复印有直接复印法和间接复印法两种。前者将原稿的图像直接复印在涂敷氧化锌的感光纸上；后者将原稿图像先变为感光体上的静电潜像，然后再转印到普通纸上。

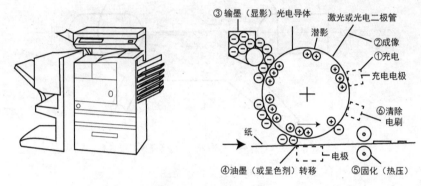

复印机工作原理示意图

（七）静电制版

静电制版是利用静电复印原理，使具有光电导性能的纸版成为静电照相版。与传统的照相制版相比，静电制版速度快、工序少、成本低、操作简便、节约白银。其中，光电导纸版是关键，一般采用成本低、制作易、毒性小的氧化锌纸版，它由氧化锌微粉体分散在绝缘树脂中，并和其他一些物质涂布在纸基上制成。

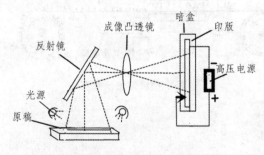

静电制版工作原理示意图

八、小结

现代生活离不开电，现代工农业生产少不了电，现代科学技术离不开电，电的作用变得越来越大，它渗透到人类生活的每一个角落。

随着科技的日益进步，电子产品越来越多地出现在我们的日常生活中。一方面我们应该看到电促进了人们生活水平的提高，另一方面我们应该看到巨大的电能消耗。

2020年，全社会用电量达到7.51万亿千瓦时。你可知道，看似源源不断的电流来自哪里？我国80%的电力来自火力发电厂，这不仅要消耗大量无法再生的煤炭资源，而且，煤炭燃烧释放出二氧化硫、二氧化碳等废气，又是空气污染的元凶，是制造"温室效应"的罪魁祸首。

日常生活中节约用电意义重大。青少年朋友们，作为祖国未来的建设者，我们应当从现在起树立节约能源、保护环境的观念，养成节约用电的好习惯。

第九章　安全用电

电作为一种能源，同阳光、水、空气一样，是人类不可缺少的伙伴。但是，由于安全用电知识和技能不够，在生活或工作中经常会出现触电、电击、烧伤、火灾等事故，造成设备损坏、财产损失、人员伤亡，从而造成不可估量的经济损失和政治影响。因此，我们必须掌握一定的安全用电知识，让电为人类更好地服务。

一、电气事故

根据电能的不同作用形式，可将电气事故分为触电事故、静电危害事故、雷电灾害事故、射频电磁场危害和电气系统故障危害事故等。

（一）触电事故

1. 电流对人体的伤害

随着社会的发展，电在人们日常工作与生活中的应用极其广泛，但如果使用不当，小则损坏机器设备，大则危及人身生命安全。因为当人一不小心与电源构成一个回路，电流就能立即通过人体，对人体造成不同程度的伤害。

电对人体的伤害分为电击和电伤两种。

（1）电击。

电击就是指电流通过人体内部器官，使其受到伤害。如电流作用于人体中枢神经，使心脑和呼吸机能的正常工作受到破坏，导致人体发生抽搐和痉挛，

触电

失去知觉。

电流也可使人体呼吸功能紊乱，血液循环系统活动大大减弱，造成假死，如救护不及时，甚至会造成死亡。电击是人体触电较危险的情况。

（2）电伤。

电伤指人体外器官受到电流的伤害，如电弧造成的灼伤。电伤是人体触电事故受到伤害较为轻微的一种情况。

2. 触电的方式

人体触电的方式有很多，常见的有单线触电、两线触电、跨步电压触电、接触电压触电、人体接近高压触电、人体在停电设备上工作时突然来电的触电等。

（1）单相触电。

如果人站在大地上，当人体接触到一根带电导线时，电流经人体与大地构成回路，这种触电方式通常被称为"单相触电"，也称为"单线触电"。

（2）两相触电。

如果人体的不同部位同时分别接触一个电源的两根不同电位的裸露导线，电线上的电流就会通过人体从一根电流导线到另一根电线形成回路，使人触电。这种触电方式通常称被为"两相触电"，也称为"两线触电"。人体一旦接触两相带电体，轻则被烧伤致残、重者身亡，而且两相触电，致人死亡的时间只有

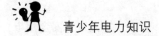

1—2秒。所以两相触电比单相触电危险性更大。

（3）跨步电压触电。

当人体在具有电位分布的区域内行走时，人的两脚一般相距0.8米，两脚分别处于不同电位点，使两脚间有电位差，从而产生电压，这一电压称为"跨步电压"。跨步电压的大小与电位分布区域内的位置有关，在越靠近接地体处，跨步电压越大，触电时的危险性也越大。

跨步电压触电一般发生在高压电线落地点附近（一般是8—10米）。人受到跨步电压时，电流沿着人的下身，从脚经腿、胯部又到脚与大地形成回路——看似没有经过人体的重要器官，好像比较安全，但是实际并非如此！因为人受到较高的跨步电压作用时，双脚会抽筋，使身体倒在地上。这不仅使作用于身体上的电流增加，而且使电流经过人体的路径改变，完全可能流经人体重要器官，如从头到手或脚。经验证明，人倒地后电流在体内持续作用2秒钟就会致命。

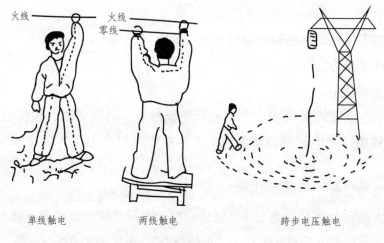

单线触电　　　　　两线触电　　　　　跨步电压触电

触电方式

（二）静电危害事故

静电危害事故是由静电电荷或静电场能量引起的。静电能量不大，不会直接致人死亡。但是，其电压可能高达数十千伏乃至数百千伏，如果发生放电，就会产生放电火花。静电危害事故主要有以下几个方面：

1. 在有爆炸和火灾危险的场所，静电放电火花会成为可燃性物质的点火源，造成爆炸和火灾等事故。

2. 人体因受到静电电击的刺激，可能引发二次事故，如坠落、跌伤等。

3. 某些生产过程中，静电现象会对生产产生妨碍，导致产品质量不良、电子设备损坏，严重时会造成生产故障，乃至停工。

（三）雷电灾害事故

雷电是大气中的一种放电现象。雷电放电具有电流大、电压高的特点。其释放出来的能量可能形成极大的破坏力。

雷电破坏作用主要有以下几个方面：

1. 直击雷放电、二次放电、雷电流的热量会引起火灾或爆炸。

2. 雷电的直接击中、金属导体的二次放电、跨步电压的作用及火灾与爆炸的间接作用，均会造成人员的伤亡。

3. 强大的雷电流、高电压可导致电气设备被击穿或烧毁。

4. 雷击导致大规模停电事故。

5. 雷击可直接毁坏建筑物。

雷击导致停电

雷电击毁建筑物

中国古代的避雷针——鸱吻①

避雷针，又名防雷针、接闪杆，是用来保持建筑物、高大树木等避免雷击的装置。

（四）射频电磁场危害

射频指无线电波的频率或者相应的电磁振荡频率，泛指 10 万赫兹以上的频率。射频伤害是由电磁场的能量造成的。射频电磁场的危害主要有：

1. 在射频电磁场作用下，人体各部分因吸收不同辐射能量会受到不同程度的伤害。过量的辐射可引起中枢神经系统的机能障碍，出现神经衰弱症候群等临床症状；造成自主神经紊乱，出现心率或血压异常；引起眼睛损伤，造成晶体浑浊，严重时导致白内障；造成皮肤表层灼伤或深度灼伤等。

2. 在高强度的射频电磁场作用下，可能产生感应放电，引爆器件。

（五）电气系统故障危害事故

电气系统故障是指电能在传输、变压、分配、转化等过程中，人因或物因导致电气系统失去控制而发生的异常停电、异常带电、异常接地、短路等现象。电气系统故障主要包括：电源故障、线路故障和元器件故障。电源故障：供电电源参数的变化会引起电压不稳，电路工作异常，电气控制系统受损，功能异常等故障。线路故障：供电线路发生导通不良、时通时断、短路、接地或严重发热等故障。元器件故障：在链接组成电气控制电路中的元器件损坏或元器件性能变差导致的电气系统工作异常或中断的故障。

电气系统故障危害事故指电力系统故障导致的企业生产停滞、人员伤亡、经济损失，严重的可能危及正常的国家经济秩序和社会生活的事件。主要有以下几个方面情况：

1. 异常停电导致生产过程的突然中断，使生产过程陷于混乱，造成经济损

---

① 法国旅行家卡勃里欧别·戴马甘兰在他 1688 年所著的《中国新事》一书中记有：中国屋脊两头，都有一个仰起的龙头，龙口吐出曲折的金属舌头，伸向天空，舌根连接一根细的铁丝，直通地下。这种奇妙的装置，在发生雷电的时刻就大显神通——若雷电击中了屋宇，电流就会从龙舌沿线行至地底，避免雷电击毁建筑物。这说明，中国古代建筑上的避雷装置，在大批量和结构上已和现代避雷针基本相似。

失，还可能造成事故和人身伤亡。例如吊车可能因为骤然停电而失去控制，导致人身伤亡事故；排放有毒气体的风机因异常停电而停转，致使有毒气体超过允许浓度而危及人身安全；医院突发性大面积停电，会危及病人的生命安全；高危企业异常停电会造成大爆炸，等等。

2. 原本不带电的物体，因电气系统发生故障而异常带电，可导致触电事故的发生。如电气设备的金属外壳，由于故障导致电流击穿内部绝缘不良而带电，造成人员触电伤亡。

3. 高压线路异常接地，会在接地处附近呈现出较高的跨步电压，人员经过可造成触电事故。

4. 电气系统故障导致线路、供配电设备、用电设备出现故障，释放大量热能，比如高温、电弧、电火花等烧毁设备，引燃周围可燃物从而造成火灾发生。常见的有漏电引发的火灾、短路引发的火灾、负荷过载引发的火灾、接触电阻过大引发的火灾等。

（六）触电事故的一般规律

人体触电总是发生在一瞬间，而且往往会造成严重的后果。因此，掌握人体触电的规律，对防止或减少触电事故的发生是有益的。根据对已发生触电事故的分析，触电事故主要有以下规律。

1. 炎热天气触电事故多

一般来说，每年的6—9月为事故的多发季节。就全国范围来说，该季节炎热，人体表面多汗、皮肤湿润，人体电阻大大降低，因此，触电的可能性及危险性较大。

2. 移动式电气设备触电事故多

由于移动式设备经常更换位置，工作环境参差不齐，电源线磨损的可能性较大，同时移动式设备一般体积较小，绝缘程度相对较弱，容易发生漏电故障。移动式设备又多由人手持操作，更增加了触电的可能性。

3. 电气触头及连接部位触电事故多

电气触头及连接部位由于机械强度、电气强度及绝缘强度均较差，较容易出现故障，发生直接或间接触电。

电气事故

二、触电急救

发现了人身触电事故时，切忌惊慌失措直接用手去拉触电者，或是用剪刀剪电线，这些做法都是错误的，还会使自己触电。

应该在保证自身安全的前提下，科学规范操作：首先，要迅速将触电者脱离电源；其次，立即就地进行现场救护，同时拨打 120 急救电话。

（一）脱离低压电源的常用方法

1. 就近关闭电源开关，拔出插销或瓷插熔断器。

2. 如果导线搭落在触电人身上或压在触电人身下，这时可用干燥木棍或竹竿等挑开导线，使之脱离电源。

切断电源

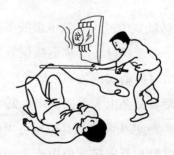

用木棍挑开导线

（二）在使触电人脱离电源时应注意的事项

1. 不得采用金属或其他潮湿的物品作为救护工具。

2. 在未采取绝缘措施前，救护人不得直接接触触电者的皮肤和潮湿的衣服及鞋。

3. 夜间发生触电事故时，在切断电源时会同时使照明失电，应考虑切断后使用临时照明（如应急灯等），以便于救护。

4. 一旦不小心跨入断导线落地点且感觉到跨步电压时，应马上双脚并拢或用一只脚跳离断线落地点。

5. 当必须进入断线落地点救人或排除故障时，一定要穿绝缘靴。

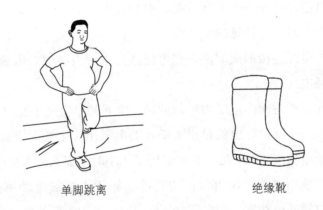

单脚跳离　　　　　　　　　　绝缘靴

（三）对症抢救的原则

将触电者脱离电源后，应立即移到通风处，并使其仰卧，然后迅速鉴定触电者是否有心跳、呼吸。若发现呼吸与心跳不规律，应立刻设法抢救。

三、安全用电常识

（一）家庭用电的常识

1. 家庭用电的电压

家庭用电的电源线是由两根线组成的，其中一根称为火线（又叫相线），另一根称为零线。火线带电，火线与零线之间的电压为220伏；零线一般都和大地直接连接，即与大地等电位，因为大地之间的电压为零，所以零线没有电压。

2. 什么是"回路"和"断路"?

电气设备在正常工作时，电路中电流由电源的一端经过电气设备后回到电源的另一端形成回路。

若将电路的回路切断或因某种原因发生断线，电路中电流不能流通，电路不能形成回路，就叫作断路。

3. 什么是"短路"?

电源的两端不经过任何电气设备，直接被导线连通叫作短路。

短路时，电路内会出现非常大的电流，这个电流叫作短路电流。

当电路发生短路时，短路电流可能增大到远远超过导线所允许的电流限度，致使导线剧烈升温，甚至烧毁电气设备，引起火灾。

4. "一度电"是怎样计算的?

电气设备与电源连接形成回路，当电流通过电气设备时，电源要输出电能，电气设备要消耗电能。

电能是指在一段时间内电源力所做的功。电能的单位是千瓦时。

一度电就是1千瓦时，也就是说1千瓦的电器用1个小时，就是1度电了。比如你家有一个电功率1 000瓦的电磁炉用了1小时，那么就用去了1度电。

家用电器在使用说明书中都注有电功率。家用电器的电功率是指接在220伏电源上家用电器的电功率。当电源电压固定时，家用电器的电功率也是固定的。

人们经常说电表走了一个"字"，即指电能表的指示数码移动了1度，也就是消耗了1千瓦时的电能。

100瓦的白炽灯是指白炽灯的电功率是100瓦，不是指电能。应该注意不要混淆电功率和电能的概念，也不要混淆瓦、千瓦和千瓦时的概念。

5. 电流的热效应

当电流通过电阻时，电流做功而消耗电能，产生了热量，这种现象叫作电流的热效应。

一方面，利用电流的热效应可以为人类的生产和生活服务。如在白炽灯中，由于通电后钨丝温度升高达到白热的程度，于是一部分热转化为光，发出光亮。另一方面，电流的热效应也有一些不利影响。大电流通过导线而导线不能够通过大电流时，就会产生大量的热，破坏导线的绝缘性能，导致线路短路，引发电火灾。

为了避免导线过热，有关部门对各种不同截面的导线规定了最大允许电流（安全电流）。导线截面越大，允许通过的电流也越大。

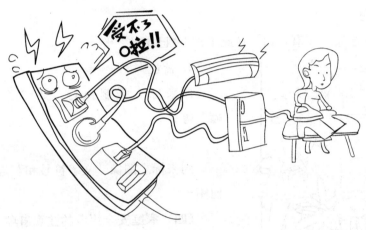

电流的热效应

（二）家庭用电安全

为了有效防范安全隐患，用电时需注意：

要保护好电线、插头、插座、灯座及电器绝缘部分。要保持绝缘部分的干燥，不要用湿手去扳开关、插入或拔出插头。

电线不要与金属物接触，不要将电线挂在铁钉上，以免发生短路。

禁止用铜丝代替保险丝，禁止用橡皮胶布代替电工绝缘胶布。

在电路中安装触电保护器，并定期检验保护器的灵敏度。

雷雨天气时不要使用电器。

（三）学会看安全用电标志

明确统一的标志是保证用电安全的一项重要措施。图形标志一般用来告诫人们不要去接近有危险的场所。为保证安全用电，必须严格按有关标准使用颜色标志和图形标志。我国安全色标采用的标准，基本上与国际标准草案（DIS，Draft of International Standard）相同。一般采用的安全色有以下几种：

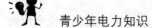

1. 红色

用来标志禁止、停止和消防，如信号灯、信号旗、机器上的紧急停机按钮等都是用红色来表示"禁止"的信息。

2. 黄色

用来标志注意危险，如"当心触电""注意安全"等。

3. 绿色

用来标志安全无事，如"在此工作""已接地"等。

切断电源

4. 蓝色

用来标志强制执行，如"必须戴安全帽"等。

5. 黑色

用来标志图像、文字符号和警告标志的几何图形。

（四）家庭安全用电的注意事项

1. 认识了解电源总开关，学会在紧急情况下切断总电源。

2. 不用手或导电物（如铁丝、钉子、别针等金属制品）去接触、探试电源插座内部。

3. 不用湿手触摸电器，不用湿布擦拭电器。

勿把导电物接触电源插座

勿用湿布擦拭电器

4.电器使用完毕后应拔掉电源插头。插拔电源插头时不要用力拉拽电线，以防电线的绝缘层受损造成触电；电线的绝缘皮剥落，要及时更换新线或者用绝缘胶布包好。

5.杜绝使用"三无"电器产品。

四、预防家电火灾

现代生活中我们每时每刻都在和电打交道，电给我们的生活带来极大便利，各式各样、功能齐全的电器应有尽有，但是如果使用或维护不当，就有可能引发火灾。

（一）家庭用电易发火灾的原因

用电线路年久失修、绝缘老化造成短路着火。

用电量增加，线路超负荷运行。

热源接近电器、电器接近易燃物或通风、散热失效等都会导致电器火灾。

铜、铝线连接不使用连接器而是直接缠绕在一起，会引发线路着火事故。

（二）预防家电火灾事故的措施

严格按照电器说明书规范化安装，不在短时间内频繁地启动电器，保持运行中的电器通风孔畅通、散热装置良好。

使用电器后应及时切断电源，特别是电脑关机后，应立即切断电源。

对于家用电器，要坚持做好日常维护和定期清扫内外部积尘，这不但可以防止漏电，还可有效预防积尘受潮（或导电性粉尘）酿成短路火灾事故。

五、预防雷电危害

雷电是自然界存在的物理现象，打雷是指带正负电荷的雷云之间或是带电荷的雷云对大地快速放电而产生的声和光。雷电产生的电压可高达几百千伏以上，放电时产生的高温高达千度。

（一）雷电可致电器设备发生故障

雷电放电电压高、时间短，破坏性极大。

关闭门窗能阻止雷电进屋

关闭门窗

雷云的生成、移动、放电的整个过程伴随多种物理效应，如静电感应、高温高热、电磁辐射、光辐射等。这些物理效应的共同特征是：严重危害家庭电器设备的安全运行，甚至危及人员的安全。

（二）室内防雷注意事项

1. 注意关闭门窗，预防雷电直击室内或者防止侧击雷和球雷的侵入。

2. 尽量不要拨打、接听手机和座机或使用电话线上网等。

3. 不宜用淋浴器、太阳能热水器。因水管与防雷接地相连，雷电流可通过水流传导而致人触电伤亡。

雷雨天气尽量不要拨打电话

打雷时不能淋浴洗澡

雷雨天气不宜洗澡

先断电再说

关闭电源

4. 雷雨来临前，要把线路断开，并拔下电源插头，别让电视机、电脑等电器引雷入室，损坏电器引发火灾事故。

（三）户外预防雷电伤害

1. 雷雨天气时不要停留在高楼平台、山顶、山脊或建筑物顶部，不宜停留在小型无防雷设施的建筑物、车库、车棚、岗亭及附近。

2. 远离电线杆、路灯、煤气管等金属物体及电力设备周围。

不要室外活动　　　　　　　　　　　远离金属物体

3. 不宜在大树下躲避雷雨。

4. 当户外雷电交加时，说明正处于近雷电的危险环境，如果在头、颈、手处有蚂蚁爬走感、头发竖起，说明将发生雷击，此时应停止行走，扔掉身上的金属物品，两脚并拢并立即下蹲。务必尽量低下头，因为头部较之身体其他部位最易遭到雷击。

不宜大树下避雨　　　　　　　　　　正确做法

六、小结

我们每个人几乎天天都要与电打交道，安全用电知识是每个人必须掌握的。电是一把"双刃剑"，正确使用，能够给我们的生活和社会生产带来便利；但如

"电老虎"的屁股摸不得

"电老虎"

果使用不当，那么电也有可能变成一只老虎，随时"咬"人一口。

全世界每年都会发生多起电气事故，轻则造成人身伤害，严重的还会引起火灾等重大事故，造成大规模的人员伤亡和财产损失。因此，普及安全用电知识至关重要。

青少年朋友们是祖国的未来，一定要学习安全用电常识，科学用电，远离危险。快乐健康成长、平平安安生活是我们的心愿。

参 考 文 献

[1] 郭奕玲等. 物理学史 [M]. 北京：清华大学出版社，1993.

[2] 申先甲等. 物理史教程 [M]. 长沙：湖南教育出版社，1987.

[3] 田士豪等. 水利水电工程概论 [M]. 北京：中国电力出版社，2010.

[4] 《中国电力百科全书》编辑委员会，《中国电力百科全书》编辑部. 中国电力百科全书·新能源发电卷 [M]. 北京：中国电力出版社，2014.

[5] 吴双群，赵丹平. 风力发电原理 [M]. 北京：北京大学出版社，2011.

[6] 杨金焕. 太阳能光伏发电应用技术 [M]. 北京：电子工业出版社，2017.

[7] 周乃君等. 核能发电原理与技术 [M]. 北京：中国电力出版社，2014.

[8] 马永生等. 地热发电厂 [M]. 北京：中国石化出版社，2016.

[9] 阎耀保. 海洋波浪能综合利用 [M]. 上海：上海科学技术出版社，2013.

[10] 胡晋豪. 人类对电气世界的探索 [J]. 科技风，2017 (6).

[11] 董德春. 电学史上的五次飞跃 [J]. 曲靖师专学报，1989 (3).

[12] 李刚等. 电学史教学研究中国电力教育 [J]. 2014 (11).

[13] 胡祥发等. 划时代的发现——法拉第电磁感应现象 [J]. 物理与工程，2005 (1).

[14] 汪红. 19 世纪电磁感应定律发现的历史地位研究 [D]. 贵州：贵州大学，2009.

[15] 牛力. 新世纪我国火力发电发展前景初探 [J]. 电站辅机，2002 (4).

[16] 理荣. 未来能源与海水温差发电 [J]. 能源研究与利用，1996 (4).

［17］李军军等. 风力发电及其技术发展综述 ［J］. 电力建设，2011 (8).

［18］叶楷. 一种新能源发电——海水温差发电 ［J］. 科技导报，1986 (2).

［19］杜朝辉等. 风力发电的历史、现状与发展 ［J］. 电气技术，2004 (10).

［20］李峥. 风力发电的历史、现状和未来展望 ［J］. 东方企业文化，2011 (8).

［21］王觉. 谈核能发电 ［J］. 电工技术杂志，1996 (1).

［22］胡忠文等. 太阳能发电研究综述 ［J］. 能源研究与管理，2011 (1).

［23］程友良等. 波力发电技术现状及发展趋势 ［J］. 应用能源技术，2009 (12).

［24］杨金焕等. 21 世纪太阳能发电的展望 ［J］. 上海电力学院学报，2001 (4).

［25］张万奎. 地热能发电 ［J］. 中国电力，1996 (1).

［26］舟丹. 地热能发电的开发利用 ［J］. 中外能源，2014 (11).

［27］鲁华永等. 可再生能源发电介绍 ［J］. 江苏电机工程，2007 (2).

［28］李德寿. 波力发电站 ［J］. 中国水利，1986 (2).

［29］余宗焕. 利用地热能发电 ［J］. 农村电气化，1997 (11).

［30］魏德予. 生物能发电装置的试验 ［J］. 化学世界，1980 (12).

［31］罗承先. 太阳能发电的普及与前景 ［J］. 中外能源，2010 (11).

［32］赵平平. 太阳能发电的最新发展趋势 ［J］. 电工文摘，2012 (1).

［33］胡忠文等. 太阳能发电研究综述 ［J］. 能源研究与管理，2011 (1).

［34］王觉. 谈核能发电 ［J］. 电工技术，1996 (1).

［35］建平等. 十三大水电基地的规划及其开发现状 ［J］. 水利水电施工，2011 (1).

［36］肖立业等. 超导输电技术发展现状与趋势 ［J］. 电工技术学报，2015 (4).

［37］段菁春等. 生物质与煤共燃研究 ［J］. 电站系统工程 ［J］，2004 (1).

后　记

华北电力大学是教育部直属全国重点大学，是国家"211 工程"和"985 工程优势学科平台"重点建设大学。2017 年，学校进入国家"双一流"建设高校行列，重点建设能源电力科学与工程学科群，全面开启了建设世界一流学科和高水平研究型大学新征程。

华北电力大学马克思主义学院围绕"大电力"学科，发挥思想政治教育功能，于 2015 年初制定了"绿色能源"系列研究计划，试图将能源与思想政治教育相结合，在能源教育领域实现拓展和创新研究，并且专门开设了"能源发展与生态文明"硕士研究生培养方向。科研成果《青少年能源教育知识读本》2017 年由中国经济出版社出版，《青少年电力知识》系"青少年能源教育"系列研究的又一成果。

本书保持了一贯的风格：其一，材料丰富。本书贯通古今，涵盖千年，包含电的发现、发电、输电、变电、用电等几大部分，形成了一个比较完整的电力知识结构体系。其二，内容科学。本书编写者不仅查阅了大量的参考文献，而且请教了华北电力大学电力系的一些专家、教授，保证了内容的科学性、通俗性。其三，形式多样。为适应广大青少年的需要，本书编写力求采用通俗易懂的语言来阐释一些深奥的科学知识，并配用了大量图画、图表来辅助诠释，力求形式多样。

由于本书是对一些常识的梳理，借鉴学界常识性资料是基本工作，本书努力在参考文献中予以标明，但难免遗漏，在此，对书中借鉴内容的著作者（无

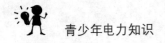

论标明与否）均表示诚挚感谢！

　　在本书编写过程中，华北电力大学高级工程师宋彦民对初稿的编撰进行了精心指导。书稿由华北电力大学高级工程师宋彦民老师和电力工程系电气自动化专业 1711 班李昀罡同学进行了专业知识的校对。本书插图除明确标注外，均由华北电力大学科技学院产品设计专业 15K1 班王柏同学绘制。

　　由于编者水平有限，书中难免存在疏漏和不足，恳请各位专家、学者不吝批评指正，以便进一步修改。

本书编者